移动互联新技术丛书

Cocos2d-x 游戏开发
必知必会（iOS 版）

陆小慧　俞翼飞　编著

电子工业出版社
Publishing House of Electronics Industry
北京·BEIJING

内 容 简 介

本书详细介绍了如何使用Cocos2d-x引擎开发自己的移动平台游戏，不仅讲解了Cocos2d-x的功能特性、使用方法、技术要点、高级知识、开发技巧、最佳实践和性能优化，而且通过精心设计的游戏案例详细讲解了Cocos2d-x游戏的设计与开发过程，极具启发性和可操作性。更为重要的是，本书将游戏开发人员应该掌握的游戏开发思想也融入了其中。无论是初学者还是具备一定游戏开发经验的人，都将借助本书开始一段精彩而奇幻的游戏开发之旅。

未经许可，不得以任何方式复制或抄袭本书之部分或全部内容。
版权所有，侵权必究。

图书在版编目（CIP）数据

Cocos2d-x游戏开发必知必会：iOS版/陆小慧，俞翼飞编著. —北京：电子工业出版社，2014.3
（移动互联新技术丛书）
ISBN 978-7-121-22482-9

Ⅰ. ①C… Ⅱ. ①陆… ②俞… Ⅲ. ①移动电话机—游戏程序—程序设计 ②便携式计算机—游戏程序—程序设计 Ⅳ. ①TN929.53 ②TP368.32

中国版本图书馆CIP数据核字（2014）第030301号

责任编辑：杨 博
印　　刷：三河市双峰印刷装订有限公司
装　　订：三河市双峰印刷装订有限公司
出版发行：电子工业出版社
　　　　　北京市海淀区万寿路173信箱　邮编　100036
开　　本：787×980　1/16　印张：15.25　字数：341.6千字
印　　次：2014年3月第1次印刷
印　　数：4 000册　定价：49.90元（含CD光盘1张）

凡所购买电子工业出版社图书有缺损问题，请向购买书店调换。若书店售缺，请与本社发行部联系，联系及邮购电话：（010）88254888。
质量投诉请发邮件至zlts@phei.com.cn，盗版侵权举报请发邮件至dbqq@phei.com.cn。
服务热线：（010）88258888。

前言

0.1 本书精华内容简介

本书共 9 章，循序渐进地讲解了利用 Cocos2d-x 开发游戏过程中的重点内容。第 1 章讲解 Cocos2d-x 环境搭建与 HelloWorld 入门程序的编写等知识。第 2 章主要讲述 Cocos2d-x 引擎库本身的基础知识，包括 CCNode 类层次结构、消息调度、Director 类、场景、层、精灵以及菜单、动作等。第 3 章介绍常用工具类的使用，包括：如何使用 Glyph Designer 创建位图字体，如何使用 TexturePacker 制作纹理图册，Particle Designer 粒子效果，Tiled 地图编辑器，以及 CocosBuilder 场景编辑器等。第 4 章重点讲解 Box2d 引擎知识。第 5 章主要从实战出发详细讲解横版格斗类游戏和跑酷类游戏等实例的完整开发过程。第 6 章概要地介绍 Cocos2d-x 的拓展库及相关的新特性。第 7 章介绍最新的 Cocos2d-x 3.0 的注意点与区别之处。第 8 章介绍在 Cocos2d-x 平台上 Lua 脚本的用法。第 9 章从内存和程序尺寸方面讨论游戏的优化问题。

0.2 选择 Cocos2d-x 的理由

首先，Cocos2d-x 发展自 Cocos2d，随着近年来移动互联网的快速发展而逐渐被众多开发者所接受和使用。Cocos2d 最早是一款基于 Python 语言实现的游戏引擎，之后被人们使用 Objective-C 语言移植到 iOS 平台上，发展为较为庞大的 Cocos2d 家族体系。Cocos2d 引擎库采用 iOS 平台原生态开发语言 Objective-C 作为其实现语言，加上简单的强大基础类库的支持，大大提高了它在 iOS 平台上的使用率以及游戏的执行效率和开发效率；同时经过不断进化使得该引擎更加人性化，开发者通过较短时间的学习可以迅速上手，且能够在短时间内开发出较高品质的游戏和应用。而 Cocos2d-x 除了具备 Cocos2d 引擎所具有的优点外，还具备 Cocos2d 所不具有的平台移植性的特点。Cocos2d-x 采用 C++语言作为其实现语言，可以编译出 iOS、Android 以及 Windows Phone 等主流平台上的应用，而这点正好契合一种应用多个平台的需求，这样大大地提高了开发效率，节约了人力资本和维护成本，否则势必要针对每个平台开发单独的应用，无疑会增加开发成本，浪费资源。

其次，目前 iOS 和 Android 两大主流平台上大部分成功的游戏和应用均采用 Cocos2d 和 Cocos2d-x 引擎开发，这种榜样的力量无疑吸引了更多开发者投身其中，促进 Cocos2d 开发社区的生态环境更加健康、完善，从而进一步提高开发者的开发水平。

另外，Cocos2d-x 引擎源码是开放的，使用者只要遵从相关约定即可免费获取全部引擎代码，且可用于商业开发。

Cocos2d-x 作为一款优秀的开源产品，其开发团队成员来自世界各地，且其核心成员是中国人，这样无论是文档还是论坛社区的支持，都有着"近水楼台"的便利。

0.3 Cocos2d-x 游戏引擎

Cocos2d-x 是一个开源的移动 2D 游戏框架，是 MIT 许可证下发布的游戏引擎。这是一个 C++ Cocos2d-iPhone 项目的版本。Cocos2d-x 发展的重点是围绕 Cocos2d 跨平台，即实现一次编码，在各平台分别编译后即可运行，无须为跨平台修改大量代码，也不需要在某个方面花费很多时间和人力。目前，Cocos2d-x 引擎已经可以跨以下平台：iOS、Android、Windows XP/Windows 7、Meego、BlackBerry、Bada、Marmalade（原名 airplay，一个 C++跨平台框架）。

除跨平台外，Cocos2d-x 相对于其他的移动游戏引擎还有以下特点：

- 易用性：易于学习掌握的 API，大量示例代码和文档，有 C++语言功底的新手只需一个月就能上手开发简单游戏；

- 高效性：使用 OpenGL ES 1.1 最佳方式进行渲染；

- 灵活性：易于扩展，易于与其他开源库集成使用；

- 活跃的社区：全球化的活跃论坛；

- 成功商用：根据开源社区的保守统计，基于 Cocos2d-x 开发的游戏在全球范围内已经突破了 1 亿的安装量。

0.4 阅读前提与本书读者对象

本书要求读者具备一定的开发经验和基本的 C++语言知识。

1. 编程经验

本书的读者对象主要是初级开发者，不要求读者具备很丰富的编程经验，只要有一定开发经验即可。另外，需要读者对面向对象的编程思想有一定的了解。

2. 编程语言要求

Cocos2d-x 引擎库采用 C++语言作为其开发语言，因此要求开发者具备一定的 C++语言基础；如果您对 C++语言比较陌生，建议在阅读本书之前补习一下 C++有关的知识。当然，作为一款面向大众的通用引擎，Cocos2d-x 本身提供了很简洁的接口，使用方式也大体一致。因此，只要能看得懂基本的 demo 代码，具备基本的 C++知识就可以学习并使用 Cocos2d-x 引擎了。

0.5 通过本书能得到什么

本书较为系统地介绍了 Cocos2d-x 引擎的基础知识以及基于 Cocos2d-x 引擎的实际应用，同时从内存和程序尺寸方面讨论了游戏的优化知识。另外也介绍了 Box2D 等物理引擎的基本知识和常用工具的使用方法。

1. iOS 游戏开发新手将学会什么

- 游戏和游戏引擎的基本概念；
- 系统掌握 Cocos2d-x 引擎基础知识和应用；
- 掌握常见游戏制作工具的使用；
- 掌握如何对程序进行优化的基础知识；
- 掌握如何开发常见类型的游戏。

2. iOS 应用程序开发者将学会什么

- 系统掌握 Cocos2d-x 引擎的基础知识和应用；

- 使用 Cocos2d-x 引擎库开发常见的应用。

3. Cocos2d-x 开发者将学会什么

- 系统全面地掌握 Cocos2d-x 引擎的基础知识和应用；
- 使用 Cocos2d-x 引擎开发跨平台游戏和应用。

0.6 本书的源代码

本书的源代码全部放于随书的光盘中。

0.7 问题和反馈

我们想通过本书让读者能够快捷地学会使用 Cocos2d-x 进行游戏开发，不知道这个目的是否能够达到。如果本书有错误或者不准确的地方，恳请读者批评指正。我们也会在网站（www.kaoxuebang.com）上对书中没有解释清楚的问题进行补充和说明。期待能够得到读者的反馈意见。

0.8 致谢

本书在编写的过程中，得到了徐金良、林信成、高聪、司如圣、Bruce 的大力帮助，在此一并感谢。

编者

目 录

第 1 章 入　门 / 1
1.1　准备工作 / 1
1.2　HelloWorld 应用程序 / 9
1.3　Cocos2d-x 中的内存管理问题 / 14
1.4　改变世界 / 15
1.5　你还应该知道的 / 16

第 2 章 Cocos2d-x 基础知识 / 20
2.1　场景图 / 20
2.2　CCNode 类层次结构 / 21
2.3　CCNode 类 / 21
2.4　Director 类、场景和层 / 25
2.5　CCSprite 类 / 34
2.6　CCLabel / 36
2.7　CCMenu / 37
2.8　动作 / 39

第 3 章 常用游戏开发工具的使用方法 / 44
3.1　使用 Glyph Designer 创建位图字体 / 44
3.2　TexturePacker 纹理贴图集 / 47
3.3　Particle Designer 粒子效果 / 50
3.4　Tiled 地图编辑器 / 58
3.5　PhysicsEditor 物理编辑器 / 69

3.6 CocosBuilder 场景编辑器 / 74
3.7 RMagick 批处理图片资源 / 84

第 4 章 Cocos2d-x 中的物理引擎 / 87
4.1 物理引擎的基本概念 / 87
4.2 物理引擎的局限性 / 88
4.3 Box2D 物理引擎 / 89
4.4 Box2D / 90

第 5 章 游 戏 实 例 / 112
5.1 横版动作类游戏 / 112
5.2 跑酷类游戏 / 153

第 6 章 拓展库与新特性 / 177
6.1 CCScrollView / 177
6.2 CCTableView / 182
6.3 CCHttpClient / 185
6.4 OpenGL 绘图技巧 / 188
6.5 一个 shader 例子 / 191

第 7 章 Cocos2d-x 3.0 / 199
7.1 使用 Cocos2d-x 3.0 / 199
7.2 Cocos2d-x 3.0 的特点 / 203
7.3 在 Cocos2d-x 3.0 中移除的 Objective-C 模式 / 204
7.4 在 Cocos2d-x 3.0 中使用的 C++11 特性 / 206
7.5 一些其他的改变 / 210

第 8 章 Cocos2d-x 之 Lua / 212
8.1 为什么使用 Lua / 212
8.2 Lua 基础知识 / 213
8.3 如何在 Cocos2d-x 上使用 Lua / 214

第9章 游戏优化 / 226

9.1 内存管理机制 / 226
9.2 图片的缓存和加载方式 / 227
9.3 渲染内存 / 228
9.4 图片格式的选择 / 229
9.5 场景切换顺序 / 230
9.6 CCSpriteBatchNode 简介 / 230
9.7 程序大小的优化 / 232
9.8 常见的内存管理的方法 / 233

第1章 入　　门

1.1 准备工作

学习 Cocos2d-x 的开发，我们先从环境搭建着手。目前较新的 Cocos2d-x 版本主要支持 Win32、iOS 和 Android 三个平台。首先登录 Cocos2d-x 的官方网站 http://www.cocos2d-x.org，获取最新的开发包。可以单击"Download"标签进入下载页面或者在官网首页右上角直接下载最新的版本。

建议在实际开发时使用较新的 stable 版本包，这样在稳定性和功能性方面都能得到最大的保障。

1. Win32 平台环境搭建

首先，将下载下来的包解压。

其次，安装项目模板。Win32 平台下的开发环境为 VS（Visual Studio）系列工具，需要先安装项目模板。模板安装脚本为"install-templates-msvc.bat"。安装 VS 项目模板只需要双击执行"install-templates-msvc.bat"即可。在 VS 集成开发环境（IDE）中，新建项目时会有安装好的 Cocos2d-x 相关项目模板可供选择。图 1-1 为 VS 环境下安装效果。

最后，编译 Cocos2d-x 程序库。

在 Win32 平台下编译 Cocos2d-x 程序库，有命令行脚本编译和 VS 集成开发环境两种方式，前者只需双击执行"build-win32.bat"脚本文件即可，其运行过程见图 1-2。

图 1-1 VS 环境下安装效果

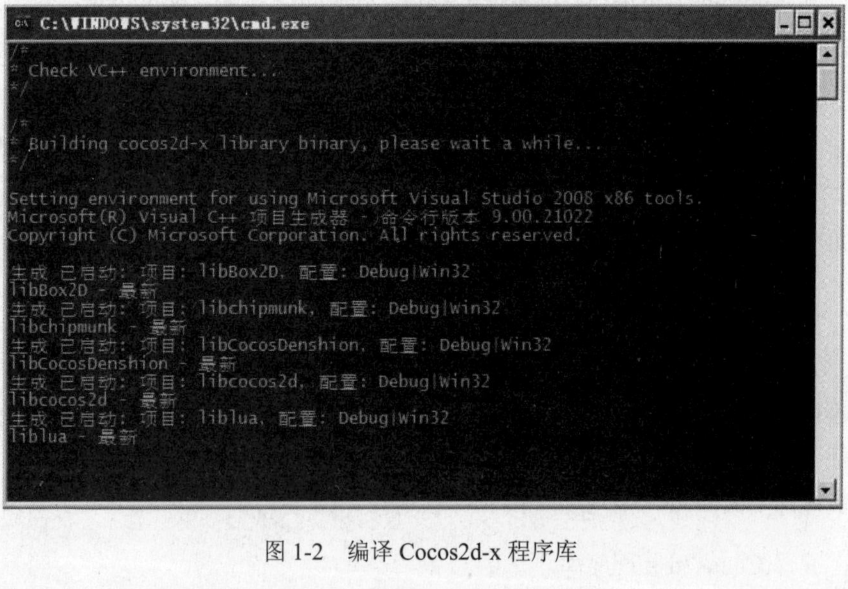

图 1-2 编译 Cocos2d-x 程序库

编译完毕后，会自动开启 Cocos2d-x 程序库所提供的 demo 示例，如图 1-3 所示。

用鼠标单击各个演示条目，即可展示引擎本身提供的各主要功能的实际运行效果。图 1-4 所示的是 TileMap 的测试效果。

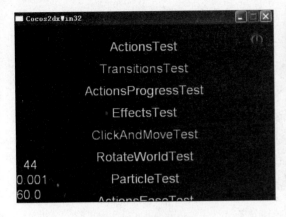
图 1-3 demo 示例

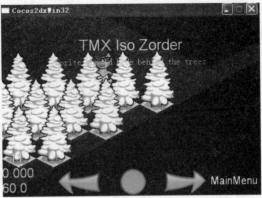
图 1-4 TileMap 的测试效果

2. iOS 开发环境的搭建

iOS 开发环境需要在 MacOS 系统下进行搭建，目前使用的开发工具主要是 X-Code，这是苹果公司的一款非常优秀的开发工具。和 Win32 环境搭建一样，首先要安装 X-Code 项目模板。在 MacOS 系统中控制台环境下执行 "install-templates-xcode.sh" 脚本，方法为：输入 "./install-templates-xcode.sh" 后回车即可。这样，在 X-Code IDE 中新建项目时会有安装好的 Cocos2d-x 相关项目模板可供选择，如图 1-5 所示。

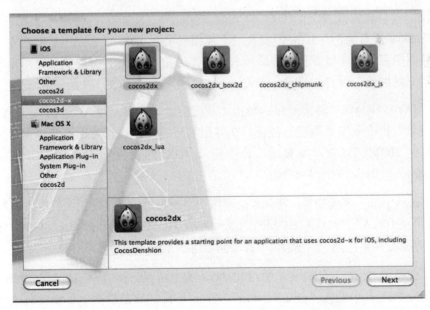
图 1-5 iOS 平台下的 Cocos2d-x 相关项目模板

接下来使用 X-Code 新建一个 Cocos2d-x 项目，单击运行（Run）按钮，会在 iPhone 模拟器或者 iPad 模拟器里显示如图 1-6 所示的效果。

图 1-6　模拟器效果

3. Android 平台搭建

Android 平台下 Cocos2d-x 环境的搭建相对于 iOS 平台和 Win32 平台来说要麻烦得多。首先要配置 Android 的开发环境，包括：Java JDK 的下载安装，Android SDK 的下载安装，Android NDK 的下载安装，Eclipse 的下载安装，开发插件 ADT 的下载安装以及 Cygwin 环境的安装等。

1）Java JDK 的安装

到 Oracle 官网上下载最新版本 Java JDK 的安装包。

以 Windows 平台为例，JDK 的安装：下载相应平台 JDK 版本完毕后双击安装包进行安装，安装完毕后设置环境变量。用鼠标右键单击"我的电脑"，弹出属性菜单后单击"属性"进入"系统属性"设置对话框，单击"高级"标签页，如图 1-7 所示。

设置"JAVA_HOME"环境变量：单击"环境变量"按钮，进入环境变量设置对话框，在"系统变量"栏中单击"新建"按钮，在弹出的环境变量设置对话框的"变量名"栏中输入"JAVA_ HOME"，在"变量值"栏中输入 JDK 的安装主目录，比如"C:\Program Files\Java\jdk1.6.0_21"，如图 1-8 所示。

设置"class_path"环境变量：在弹出的环境变量设置对话框"变量名"栏中输入"class_path"，变量值栏中输入".;%JAVA_HOME%\lib;%JAVA_HOME%\lib \tools.jar;%JAVA_HOME%\lib\dt.jar"，注意使用半角的"；"隔开，"."表示当前路径，如图 1-9 所示。

同时，在系统"path"环境变量中增加 Java 的主路径"%JAVA_HOME%\bin;"。接下来在 Windows 控制台中输入"java-version"，验证 JDK 的安装情况；如果安装成功，则会显示当前安装的 JDK 的版本等信息。

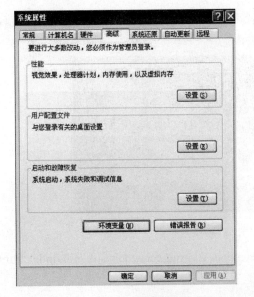

图1-7 JDK环境配置路径　　　　图1-8 JDK环境配置——JAVA_HOME

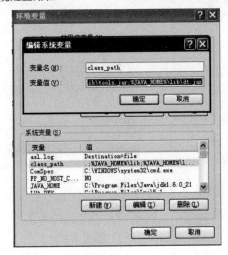

图1-9 JDK环境配置——class_path

2）Android SDK/NDK 的下载与安装

到 http://developer.android.com/sdk/index.html 下载 Android 的 SDK，下载完毕后运行 SDK Manager.exe 进行更新。

安装完毕后，新建环境变量 "ANDROID_SDK"。设置 Android SDK 的安装路径内容，比如："C:\Android SDK\platforms;C:\Android SDK\platform-tools"。在系统 PATH 环境变量

中加入"%ANDROID_SDK%"。在控制台中输入"adb-h"来验证 Android SDK 的安装情况。若安装成功，则会显示如图 1-10 所示的版本信息。

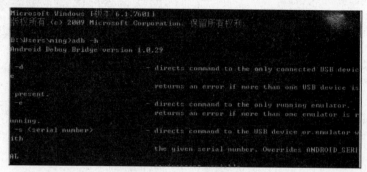

图 1-10 SDK 安装成功

下载 Android NDK，下载链接：http://developer.android.com/tools/sdk/ndk/index.html。

3）配置 Eclipse 环境

到 Eclipse 项目官网"http://www.eclipse.org"上下载 Eclipse 的对应平台安装包。下载完毕后双击它进行安装。

4）Cygwin 的安装

由于 NDK 的开发大都涉及 C/C++在 GCC 环境的编译、运行，所以在 Windows 环境下，需要模拟 Linux 模拟编译环境，下载地址为：http://www.cygwin.com。

下载得到一个安装文件"setup.exe"，双击它进行安装。

单击"下一步"按钮，选择安装路径后进入下一步，选择安装方式。第一次可以采用 Direct Connection 在线下载安装；如有现成的离线包，可以选择离线安装（Install from Local Directory）。

单击"下一步"按钮，选择下载站点地址。

单击"下一步"按钮，等待加载安装项载入，之后选择安装项编译 NDK。在默认设置下，只需选择 Devel（单击列表中 Devel，将后面的 Default 改为 Install，如图 1-11 中箭头所示），其他均为默认状态（其实 NDK 需要的不多，主要是 autoconf2.1、automake1.10、binutils、gcc-core、gcc-、g++、gcc4-core、gcc4-g++、gdb、pcre、pcre-devel、gawk 和 make）。

单击"下一步"按钮，进入下载界面。

下载过程比较漫长，需要耐心等待。完成整个安装以后验证一下安装结果。在控制台中输入"cygcheck -c cygwin"命令，如果 Status 是"OK"，则说明 Cygwin 运行正常。然后依次输入 gcc–v、g++ –version、make–version、gdb–version 进行测试，如果都能正常打印出版本信息和一些描述信息，则说明 Cygwin 安装成功。

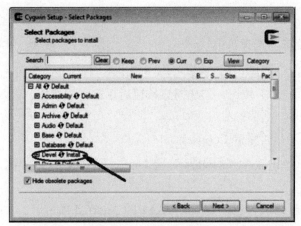

图 1-11　加载安装项

5）安装 ADT

打开 Eclipse，在菜单栏上选择 "Help" → "Install New SoftWare" 菜单，如图 1-12 所示。

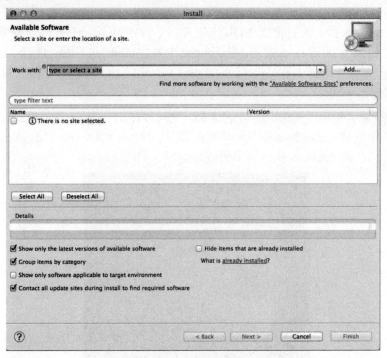

图 1-12　安装 ADT

单击 "Add" 按钮，增加插件站点。这里是 "https://dl-ssl.google.com/android/eclipse/"，

名称可以随便设置。

单击"OK"按钮进入选择页面。

单击"Select All"(选择所有)按钮,进入接下来的页面。

单击"Next"(下一步)按钮,勾选同意按钮后单击完成按钮,进入安装界面(可以选择后台运行)。

安装完毕后,提示是否重启 Eclipse。

重启 Eclipse 后,单击菜单"window"→"preferences",进入界面,选择之前 Android SDK 解压后的目录。

完成上述安装过程后就可以创建 Cocos2d-x 的 Android 项目了。

在 Cocos2d-x 目录中修改 Cocos2d 安装目录下的"create-android-project.bat"文件。将_CYGBIN、_ANDROIDTOOLS 和_NDKROOT 分别设置成 Cygwin 的 bin 目录(c:\cygwin\bin)、Android SDK 的 tools 目录和 NDK 根目录。运行"create-android-project.bat"生成 Android 工程,依次按要求输入,最终在 Cocos2d 的根目录下会产生所输入的项目名目录,如"HelloWorld"。用 Cygwin 客户端进入 HelloWorld 下的 proj.android 目录,运行 build_native.sh,如果提示没有定义 NDK_ROOT,可以在 Windows 的环境变量里面设置。接下来就是用 Eclipse 编译 Java 代码:在 Eclipse 中新建 Android 项目,选择 Android Project From Existing Code,选择 HelloWorld 下的 proj.android 路径。然后选择项目,选择"Run As"→"Android Application"。

如果有编译错误提示而无法识别 Cocos2d-x,则可以在"Properties"→"Java Build path"→"Link Source"中选择 Cocos2d-x 源代码所在的路径,例如:XXX\cocos2dx\platform\android\java\src。运行后,在 Android 模拟器中的效果如图 1-13 所示。

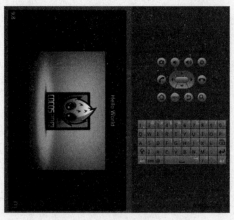

图 1-13 Android 运行效果

1.2 HelloWorld 应用程序

完成了相关平台环境的搭建就可以进行实际开发了。和学习程序设计语言一样,我们学习 Cocos2d-x 引擎也是从 HelloWorld 应用程序开始的。以 Win32 的 VS 环境为例,打开 VS 开发环境,然后打开 Cocos2d-x VS 解决方案,用鼠标右键单击"添加"→"新建项目"。

选择 Cocos2d-x-Win32 应用,项目名称为"HelloWorld",单击确定按钮后进入下一步。

单击"下一步"按钮后进入如图 1-14 所示的页面。

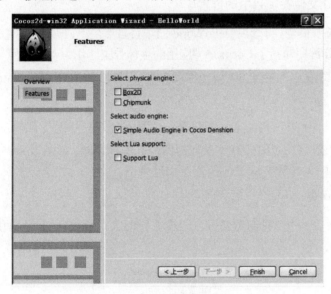

图 1-14 引擎选择界面

反勾掉 Box2D 选项,单击"完成"(Finish)按钮。设置 HelloWold 项目为启动项目,单击运行按钮。运行效果如图 1-15 所示。

上述是建立一个 Cocos2d-x 基本应用的全部过程,当然也可以脱离 Cocos2d-x 原有项目直接单独新建项目,但需要复制 Cocos2d-x 程序库的 cocos2dx 和 CocosDenshion 目录到新建项目目录中,同时需要复制 Cocos2d-x 目录中 Debug.win32 或者 Release.win32 下的库文件到新建项目的 Debug 或者 Release 目录中,操作起来较为麻烦。

HelloWorld 项目目录结构如图 1-16 所示。

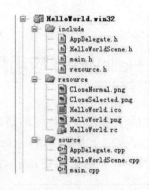

图 1-15 运行效果　　　　　　　　　　　图 1-16 项目目录结构

1．HelloWorld 文件在项目中的位置

麻雀虽小，但五脏俱全。可以说 HelloWorld 的项目虽然简单，但却是完完整整的 Cocos2d-x 的项目。HelloWorld 程序囊括了 Cocos2d-x 应用的主体骨架，作为入门的程序，起到提纲挈领的整体性作用。因此，学习 Cocos2d-x 应用最好从研究 HelloWorld 程序入手，程序越简单越好。

2．资源

HelloWorld 项目中有个"resource"目录，这是存放项目资源文件的目录，里面存放了程序运行所需的背景、Logo 图标等一系列的图片、图标资源。而在实际项目开发当中，我们也会把项目需要的大部分资源文件放置在该目录下。

3．HelloWorld 类

在 HelloWorld 项目中，我们需要关注两个主要的类：AppDelegate 类和 HelloWorld 类，如图 1-17 所示。

图 1-17　AppDelegate 类和 HelloWorld 类

其中，AppDelegate 类是项目向导帮助生成的程序框架类，默认私有继承自 Cocos2d 名字空间下的 CCApplication 类。该类的三个主要回调方法：applicationDidFinishLaunching()用于放置 CCDirector 类和 CCScene 相关类初始化代码以及设置全局参数，applicationDidEnterBackground()用于应用切换到后台运行时回调，applicationWillEnterForeground()用于应用切入前台运行时的回调动作。

AppDelegate 类如代码清单 1-1 所示。

代码清单 1-1　AppDelegate 类

```
/**
@brief    The cocos2d Application.

The reason for implement as private inheritance is to hide some interface call by CCDirector.
*/
class   AppDelegate : private cocos2d::CCApplication
{
public:
    AppDelegate();
    virtual ~AppDelegate();

    /**
    @brief    Implement CCDirector and CCScene init code here.
    @return true    Initialize success，app continue.
    @return false   Initialize failed，app terminate.
    */
    virtual bool applicationDidFinishLaunching();

    /**
    @brief  The function be called when the application enter background
    @param  the pointer of the application
    */
    virtual void applicationDidEnterBackground();

    /**
    @brief  The function be called when the application enter foreground
    @param  the pointer of the application
    */
    virtual void applicationWillEnterForeground();
};

#endif // _APP_DELEGATE_H_
```

　　HelloWorld 类则公有继承自 Cocos2d 名字空间下的 CCLayer 类。可以说 HelloWorld 项目的主体功能都是在这个类里面实现的，这里主要是在 HelloWorld 类的初始化方法 init() 中实现相关的业务操作：定义一个 CCLabelTTF 标签类来显示 "Hello World" 问候信息，CCSize 控制 Label 的显示位置,同时使用 CCSprite 精灵类来显示 HelloWorld.png 背景图片。

初始化方法 init()如代码清单 1-2 所示。

代码清单 1-2　初始化方法 init()

```
// on "init" you need to initialize your instance
bool HelloWorld::init()
{
    //////////////////////////////
    // 1. super init first
    if ( !CCLayer::init() )
    {
        return false;
    }

    CCSize visibleSize = CCDirector::sharedDirector()->getVisibleSize();
    CCPoint origin = CCDirector::sharedDirector()->getVisibleOrigin();

    //////////////////////////////
    // 2. add a menu item with "X" image，which is clicked to quit the program
    // you may modify it

    // add a "close" icon to exit the progress. it's an autorelease object
    CCMenuItemImage *pCloseItem = CCMenuItemImage::create(
                                        "CloseNormal.png",
                                        "CloseSelected.png",
                                        this,
                                        menu_selector(HelloWorld::menuCloseCallback));

    pCloseItem->setPosition(ccp(origin.x + visibleSize.width –
    pCloseItem->getContentSize().width/2,
                                        origin.y + pCloseItem->getContentSize().height/2));

    // create menu，it's an autorelease object
    CCMenu* pMenu = CCMenu::create(pCloseItem, NULL);
    pMenu->setPosition(CCPointZero);
    this->addChild(pMenu, 1);

    //////////////////////////////
    // 3. add your codes below

    // add a label shows "Hello World"
```

```cpp
// create and initialize a label
CCLabelTTF* pLabel = CCLabelTTF::create( " Hello World " ,    " Arial " ,   24);

// position the label on the center of the screen
pLabel->setPosition(ccp(origin.x + visibleSize.width/2,
                        origin.y + visibleSize.height –
                        pLabel->getContentSize().height));

// add the label as a child to this layer
this->addChild(pLabel, 1);

// add  " HelloWorld "  splash screen
CCSprite* pSprite = CCSprite::create( " HelloWorld.png " );

// position the sprite on the center of the screen
pSprite->setPosition(ccp(visibleSize.width/2 + origin.x,
                         visibleSize.height/2 + origin.y));

// add the sprite as a child to this layer
this->addChild(pSprite, 0);

// enable standard touch
this->setTouchEnabled(true);

return true;
}
```

另外，在HelloWorld类中设置了关闭按钮控制程序的正常关闭操作。

关闭按钮如代码清单1-3所示。

代码清单1-3 关闭按钮

```cpp
void HelloWorld::menuCloseCallback（CCObject* pSender）
{
    CCDirector::sharedDirector()->end();

#if （CC_TARGET_PLATFORM == CC_PLATFORM_IOS）
    exit（0）;
#endif
}
```

1.3 Cocos2d-x 中的内存管理问题

熟悉 Cocos2d 开发的读者在学习使用 Cocos2d-x 时会有一种似曾相识的感觉,各个主要常见类的类名基本相同,其方法名称和功能也基本一致。实际使用时仅仅需要注意原来调用实例或类方法的"[]"或者"."变成了"->"和"::"。当然在内存管理方面,Cocos2d-x 也借鉴了 Objective-C 语言的经验,采用了引用计数的方式对对象进行管理。另外需要注意的是,Cocos2d-x 引擎当中引入了对象池管理机制。Cocos2d-x 中绝大部分类直接或间接地派生自 CCObject 类,可以说 CCObject 类是 Cocos2d-x 的所有核心类的共同祖先。在 CCObject 类中定义了"retain"、"release"、"autorelease"、"copy"、"isSingleReference"、"retainCount"等一系列方法和字段用于内存管理。CCCopying 类如代码清单 1-4 所示。

代码清单 1-4　CCCopying 类

```
class CC_DLL CCCopying
{
public:
    virtual CCObject* copyWithZone(CCZone* pZone);
};

class CC_DLL CCObject : public CCCopying
{
public:
    // object id, CCScriptSupport need public m_uID
    unsigned int        m_uID;
    // Lua reference id
    int                 m_nLuaID;
protected:
    // count of references
    unsigned int        m_uReference;
    // is the object autoreleased
    bool        m_bManaged;
public:
    CCObject(void);
    virtual ~CCObject(void);
```

```
        void release（void）;
        void retain（void）;
        CCObject* autorelease（void）;
        CCObject* copy（void）;
        bool isSingleReference（void）;
        unsigned int retainCount（void）;
        virtual bool isEqual（const CCObject* pObject）;

        virtual void update（float dt）  {CC_UNUSED_PARAM（dt）;};

        friend class CCAutoreleasePool;
    };
```

在 Cocos2d-x 中，可以通过手动方式管理内存。在创建 CCObject 类及其子类的对象时，引用计数自动设置为 1。之后，每次调用 retain，引用计数加 1；每次调用 release，引用计数减 1。若引用计数为 0，则直接"delete this"。可以调用方法"retainCount()"直接获取当前对象的引用计数；若想判断当前对象是否只有唯一引用，则调用"isSingleReference()"会更加快捷一些。一般来讲，手动进行内存管理时要求 new、copy、retain 三个方法的调用一定要和 release 方法的调用成对出现，满足谁创建（或者增加引用计数）谁负责 release 的原则。另外在方法调用传递参数赋值时，需要先"retain"形参，之后"release"原来指针，最后进行赋值操作。

在 Cocos2d-x 中也可以自动管理内存，即对于使用 autorelease 方法的对象，可以不予关注，每帧调用完毕后系统会自动回收相关的内存占用。一般来讲，手动管理内存比较烦琐，出错的概率也比较大，建议使用 Cocos2d-x 引擎提供的自动内存管理机制，将对象加入到自动释放池 CCPoolManager 中，每帧结束后自动释放内存。

1.4 改变世界

如果我们仅仅是停留在通过模板生成的 HelloWorld 项目上，则对于深入了解 Cocos2d-x 没有什么好处。我们需要亲自动手，改变世界！

首先，需要在 init 方法中进行两处修改：一处是启用触摸输入；另一处是设置 tag 属性，以便日后对标签对象进行调用。在代码清单 1-2 中强调了这两处修改：

```
pLabel->setTag（13）;
this->isTouchEnabled（true）;
```

标签对象的 tag 属性被设定为 13。为什么要这样做呢？这样做可以方便以后通过标记来访问类的子对象。标记数字必须为正整数，并且每个对象的标记必须不同。否则，当出现两个相同的标记时，就很难区分到底要获取哪个对象了。

提示：应该养成定义常量来作为标记的习惯，而不该使用像 13 这样的具体数字。与 TagForLabel 这种拥有高可读性的变量名相比，"13" 这个标记实在是很难让人记住。

然后，将 s this→sTouchEnabled 设置为 YES。这是 CCLayer 类的一个属性，表示希望接收触摸消息。

1.5 你还应该知道的

由于本章主要讲述一些基本知识，因此笔者认为还应该借这个机会介绍一些在 iOS 游戏开发中十分重要，但却经常被忽略的方面。笔者希望读者能知道各种 iOS 设备之间的微妙差别。可用的内存空间经常被错误估计，因为读者只能安全使用设备的一部分内存。

笔者还希望读者知道：虽然 iOS 模拟器是很好的游戏测试工具，但是它不能用来评估性能、内存使用和其他一些功能。在运行游戏时，模拟器的表现很可能与真实 iOS 设备相差很远。不要把游戏在 iOS 模拟器上的行为作为评价的标准，只有设备才能反映出真实的情况。

1. iOS 与 Android 设备

当在 iOS 设备上进行开发时，需要考虑到设备之间的差异。大部分的个人和业余游戏开发者买不起这些不同的 iOS 设备。目前已经有多种 iOS 设备存在了，并且每年大概还会出两款新设备，至少要意识到不同设备之间是有差别的。

如果要查看苹果官方的 iOS 设备技术规格，下面的链接分别列出了 iPhone、iPod Touch 和 iPad 的设备规格：

- http://support.apple.com/specs/#iphone；
- http://support.apple.com/specs/#ipodtouch；

- http://support.apple.com/specs/#ipad。

对于 Android 设备，市场上各种设备不下百种，我们关心的是市场上主流的设备。这里要注意的主要是它们的分辨率。常规的可能只考虑 QVGA、HVGA、WVGA、FWVGA 和 DVGA，抛去手机不谈，平板可能使用类似 WSVGA 的 1024×576 以及 WXGA 的 1280×768 等，这些是我们要注意的。

2．关于内存的使用

当前的 iOS 设备配有 128 MB、256 MB、512 MB、1 GB 的 RAM，而 Android 设备还有 2 GB 的 RAM。然而，这些内存并不是都能被应用程序使用的。以 iOS 为例，它本身一直在使用很大一块内存，而多任务又使得可用内存的问题更加复杂。每个运行设备都可能要运行多个后台任务，这些任务使用的内存是不确定的。

在应对内存警告时有个问题，就是如果应用程序一下子释放掉很大一块内存，可能会造成性能抖动。如果依赖 Cocos2d-x 的机制来释放内存，可能会释放掉某个精灵的图像，但如果几帧之后又需要这个精灵了，图像又要当场被加载，可能会造成可察觉的卡顿现象，所以最好由自己来管理内存。应该区分出哪些图像资源是马上要使用的，哪些是暂时不会用到的。可惜的是没有万能的解决方法，否则笔者会提供一种。

3．iOS 与 Android 模拟器

使用 Cocos2d-x 开发的游戏可以在 iOS 模拟器和 Android 模拟器上运行并测试。模拟器的首要作用是让你可以很快地测试应用程序，因为当你的游戏变得越来越大时，发布到设备上做测试的过程将会需要越来越多的时间。特别是那些要用到很多图像和道具文件的游戏，发布过程将会很慢，因为传输这些图像和道具文件需要很长时间。

不过，模拟器有好几个缺点。以下列出了模拟器无法为你做的事情。出于这些原因，笔者建议尽早在真实设备上测试，而且要经常测试。至少在每一个大的改动之后或者在结束一天的开发工作之前，应该在设备上测试你的游戏以确保运行正常。

1）不能评估性能

在模拟器上运行的游戏，性能完全依靠计算机的 CPU，图形渲染过程甚至没有使用图形芯片的硬件加速功能，这也就是为什么通过模拟器得到的帧率没有任何实际意义的原因。在修改代码之后，甚至无法确定模拟器上得到的前后帧率比较结果是否会和设备上得到的比较结果一致。在某些极端情况下，模拟器可能显示帧率上升，而在设备上却显示帧率下降。所以，一定要在设备上进行性能测试。

2）不能评估内存使用量

模拟器可以使用计算机上配置的所有内存，所以模拟器比设备有更多的可用内存。这意味着你不会在模拟器上收到内存报警，游戏在模拟器上会流畅地运行，但是当你发布到设备上时，可能会发现游戏在第一次运行时就崩溃了。

不过，可以用模拟器评估游戏当前使用的内存大小。

3）无法使用设备的所有功能

有一些设备功能，比如设备转向（Device Orientation），可以用程序菜单或键盘快捷键来模拟。但是模拟的体验效果和真实的体验效果相差甚远。而有一些功能，像多点触摸、加速计、振动或位置信息获取，则完全不能通过模拟器来测试，因为计算机的硬件无法模拟这些功能，即使摇晃计算机或单击屏幕也没有用（可以试一下）。

4）运行时的表现可能不一样

有时会碰到很棘手的问题：游戏在模拟器上运行良好，但是放到设备上就崩溃，或者运行速度没有理由地变慢。还有一些图形方面的问题只出现在模拟器或设备上。在进入代码寻找可能存在的问题之前，如果问题出现在模拟器上，就在设备上运行游戏；如果问题出现在设备上，就在模拟器上运行游戏。有时候，出现的问题可能会自动消失。不过，即使没有消失，通过这样做，也可以了解问题可能出现在哪里。

4．关于日志

日志在开发当中一般处于辅助地位，但却非常重要。在开发阶段记录日志一般是为了追逐程序执行的逻辑和解决 bug。有的朋友问，不是可以直接调试程序吗？干嘛还要记录日志，这么麻烦！其实不然，在大部分项目中，很多时候仅仅通过调试手段解决问题的效率太差，甚至根本不能再现问题现场，例如在多线程程序中进行调试或者在业务极其繁杂且执行频率很快的程序代码中调试，传统的单步调试手段往往显得捉襟见肘。这时候就需要有有效的日志记录，通过分析日志信息从而很方便地找到问题所在。另一方面，很多服务性程序大都是在后台运行的，基本上没有什么 UI 界面，那么在其实际运营当中也大都是通过记录日志的方式来分析系统本身的执行状况和通过记录重要的业务日志来进行业务上的分析。在 Cocos2d-x 引擎中提供了非常简洁的一个函数 CCLog 用于记录日志，该函数返回值为 void，传入参数为一个用于设置日志格式字符串类型参数和可变参列表。函数原型为：void CCLog (const char * pszFormat, …)，格式化串的内容类似于 C 语言中的 printf 函数的格式化参数，Cocos2d-x 官网上列举了一些常见的使用方式，主要是针对格式化格式而言的，如图 1-18 所示。

specifier	Output	Example
d or i	Signed decimal integer	392
u	Unsigned decimal integer	7235
o	Unsigned octal	610
x	Unsigned hexadecimal integer	7fa
X	Unsigned hexadecimal integer (uppercase)	7FA
f	Decimal floating point, lowercase	392.65
F	Decimal floating point, uppercase	392.65
e	Scientific notation (mantissa/exponent), lowercase	3.9265e+2
E	Scientific notation (mantissa/exponent), uppercase	3.9265E+2
g	Use the shortest representation: %e or %f	392.65
G	Use the shortest representation: %E or %F	392.65
a	Hexadecimal floating point, lowercase	-0xc.90fep-2
A	Hexadecimal floating point, uppercase	-0XC.90FEP-2
c	Character	a
s	String of characters	sample
p	Pointer address	b8000000
n	Nothing printed. The corresponding argument must be a pointer to a signed int. The number of characters written so far is stored in the pointed location.	
%	A % followed by another % character will write a single % to the stream.	%

图 1-18 CCLog 使用方式

CCLog 代码清单见 1-5。

代码清单 1-5 CCLog 使用方式

CCLog（"Characters: %c %c \n"，'a'，65）；
CCLog（"Decimals: %d %ld\n"，1977，650000L）；
CCLog（"Preceding with blanks: %10d \n"，1977）；
CCLog（"Preceding with zeros: %010d \n"，1977）；
CCLog（"Some different radixes: %d %x %o %#x %#o \n"，100，100，100，100，100）；
CCLog（"floats: %4.2f %+.0e %E \n"，3.1416，3.1416，3.1416）；
CCLog（"Width trick: %*d \n"，5，10）；
CCLog（"%s \n"，"A string"）；
显示结果为：
Cocos2d: Characters: a A
Cocos2d: Decimals: 1977 650000
Cocos2d: Preceding with blanks: 1977
Cocos2d: Preceding with zeros: 0000001977
Cocos2d: Some different radixes: 100 64 144 0x64 0144
Cocos2d: floats: 3.14 +3e+00 3.141600E+00
Cocos2d: Width trick: 10
Cocos2d: A string

另外，开启日志的开关定义在宏"COCOS2D_DEBUG"中将#define COCOS2D_DEBUG 设置为 1 即可开启。

第 2 章　Cocos2d-x 基础知识

2.1　场景图

场景图有时又被称为"场景层级"。场景图是由所有目前活跃的 Cocos2d-x 节点所组成的一个层级图。除了场景本身，每一个节点只有一个父节点，但是可以有任意数量的子节点。

当将节点添加到其他节点中时，你就在构建一个节点场景图。图 2-1 描绘了一个虚构的游戏场景图。在最上面，总是放置场景节点（MyScene），通常跟着的是一个层节点（MyLayer）。在 Cocos2d-x 里，层节点的作用是接收触摸和加速计的输入。

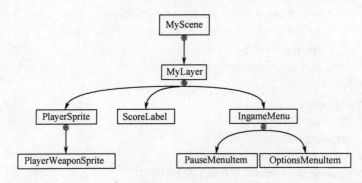

图 2-1　场景图

图 2-1 是一个简化的由多个不同节点组成的 Cocos2d-x 场景图。场景图中有一个玩家节点和他的武器节点，还包括游戏的得分、游戏中用于暂停和改变游戏选项的菜单。

CCLayer 的下一层是游戏的组成要素，它们大多数是精灵（sprite）节点。它们包括用于显示游戏得分的标签节点，用于显示游戏内菜单的菜单和菜单项目节点，玩家用这些菜单来暂停游戏或者回到主菜单。

图 2-1 中，PlayerSprite 节点中有个子节点 PlayerWeaponSprite。换句话说，PlayerWeaponSprite 是附加在 PlayerSprite 上的。如果 PlayerSprite 移动、旋转或放大缩小，PlayerWeaponSprite 将会跟着做同样的事情而不需要额外的代码。这就是场景图的强大之处：对一个节点施加的影响将会影响到它的所有子节点。但是有时也会产生混淆，因为位置和旋转都是相对于父节点来说的。

笔者写了一个叫做"NodeHierarchy"的 Xcode 样例，读者可以在本书提供的源代码里找到（见光盘"第 2 章"源码）。它演示了在一个层级关系里的节点是如何相互影响的。实际的例子比用文字和图片说明要更直观和容易理解。

2.2　CCNode 类层次结构

所有节点都有一个共同的父类：CCNode。它定义了许多除显示节点外的通用的属性和方法。图 2-2 展示了继承自 CCNode 的一些最重要的类，这些类是最常用到的。其实即使只使用这些类，也可以创造出很有意思的游戏。

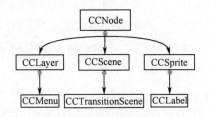

图 2-2　CCNode 类层次结构

CCNode 是 Cocos2d-x 中最重要的类，所有类都继承自 CCNode。CCNode 定义了通用的属性和方法。

2.3　CCNode 类

CCNode 是所有节点的基类。它是一个抽象类，没有视觉表现。它定义了所有节点都通用的属性和方法。

1. 节点的处理方式

使用节点 CCNode 类实现了所有添加、获取和删除子节点的方法。处理子节点的方法见代码清单 2-1。

代码清单 2-1　处理子节点的方法

```
//生成一个新的节点
CCNode *node = CCNode::create();
//将新节点添加为子节点
 node->addChild(cocos2d::CCNode *child,   int zOrder,   int tag);
//获取子节点
CCNode *chileNode = node->getChildByTag(int tag);
//通过 tag 删除子节点，cleanup 会停止任何运行中的动作
pSprite->removeChildByTag(int tag,   bool cleanup)
//通过节点指针删除节点
pSprite->removeChild(cocos2d::CCNode *pChild,   bool bCleanup);
//删除一个节点的所有子节点
pSprite->removeAllChildrenWithCleanup(bool bCleanup);
//从 myNode 的父节点删除 myNode
pSprite->removeFromParentAndCleanup(bool cleanup);
```

addChild 中的 z 参数决定了节点的绘制顺序。拥有最小 z 值的节点会首先被绘制，拥有最大 z 值的节点最后一个被绘制。如果多个节点拥有相同的 z 值，绘制顺序将由它们的添加顺序来决定。当然，这个规则只适用于像 sprites 那样有视觉表现的节点。tag 参数允许通过 getChildByTag 方法来获取指定的节点。

注意：如果有多个节点拥有相同的 tag 数值，getChildByTag 将把找到的第一个节点返回。其他节点将不能够再被访问。所以要确保为节点指定独有的 tag 数值。动作（Actions）也有 tag。不过，节点和动作的 tag 不会冲突，所以拥有相同 tag 数值的动作和节点可以和平共处。

2. 动作的处理方式

使用动作（Actions）节点可以运行动作。笔者会在以后多讲一些动作相关的知识。现在你只要知道动作可以让节点移动、旋转和缩放，还可以让节点做一些其他的事情即可，代码清单见 2-2。

代码清单 2-2　动作的处理方式

```
//以下是一个动作的声明
CCAction *action = CCBlink::create(float duration,   unsigned int uBlinks);
action->setTag(int nTag);
```

```
//运行这个动作会让节点闪烁
pSprite->runAction(action);
//如果想在以后使用此动作,可以用 tag 获取
CCAction* retrievedAction =pSprite->getActionByTag(int tag);
//可以用 tag 停止相关联的动作
pSprite->stopActionByTag(int tag);
//或者也可以用动作指针停止动作
// pSprite->stopAction(cocos2d::CCAction *action);
//可以停止所有在此节点上运行的动作
pSprite->stopAllActions();
```

3. 消息调度

节点可以预定信息,其实就是每隔一段时间调用一次方法。在很多情况下,需要节点调用指定的更新方法以处理某些状况,比如碰撞测试。以下是一个最简单的,可以在每一帧都被调用的更新方法,如代码清单 2-3 所示。

代码清单 2-3 消息调度实时刷新

```
void CCNodeTest::funCall
{
    this->scheduleUpdate();
}
void CCNodeTest::update(float dt)
{
    //此方法每一帧都会被调用
}
```

很简单不是吗?现在的更新方法是固定的,每一帧都会调用上述方法。**dt** 这个参数表示的是此方法从最后一次调用到现在所经过的时间。如果想每一帧都调用相同的更新方法,上述做法很适用。不过有时需要用到更灵活的更新方法。

如果想运行不同的方法,schedule_selector()里的参数必须和方法的名称相匹配。如果是每秒调用 10 次更新方法,应该使用代码清单 2-4。

代码清单 2-4 消息调度定时刷新

```
void CCNodeTest::funCall
{
    schedule(schedule_selector(CCNodeTest::nodeSchedule),  10);
}
void CCNodeTest::nodeSchedule ()
```

```
    {
        //此方法将根据时间间隔来调用,每秒 10 次
    }
```

注意:schedule_selector()这个语法看起来有点怪。这是 Cocos2d-x 用来参照指定方法的方式。这里很重要的一点是最后的那两个冒号,它告诉 Cocos2d-x 去找在此指定的方法名。

如果时间间隔(interval)为 0,则应该使用 scheduleUpdate 方法。不过,如果想之后停止对某个指定更新方法的预定信息,上述代码更加合适。因为 scheduleUpdate 方法没有停止预定信息的功能。

更新方法的签名和之前是一样的,dt 时间是它唯一的参数。但是这次可以使用任何名称,而且它会每 0.1 秒被调用一次。如果不想每一帧都判断是否达到了必需的条件(有可能判断的过程很复杂),每秒调用 10 次更新方法会比每帧都调用要好。

代码清单 2-5 中的代码会停止节点的所有选择器,包括那些已经在 scheduleUpdate 里面设置了预定的选择器。

代码清单 2-5　停止节点的所有选择器

```
this->unscheduleAllSelectors;
//以下代码会停止某个指定的选择器(假设选择器名称是 updateTenTimesPerSecond)
this->unschedule(schedule_selector(CCNodeTest::updateTenTimesPerSecond));
//此方法不会停止 scheduleUpdate 中设置的预定更新方法
```

最后一个预定方法调用的问题是安排更新方法的优先次序。先看一下代码清单 2-6。

代码清单 2-6　更新方法的优先次序

```
//在 A 节点里
void CCNodeTest::scheduleUpdates()
{
    this->scheduleUpdate();
}
//在 B 节点里
void CCNodeTest::scheduleUpdates()
{
    this->scheduleUpdateWithPriority(1);
}
//在 C 节点里
void CCNodeTest::scheduleUpdates()
```

```
{
    this->scheduleUpdateWithPriority(-1);
}
```

所有的节点还是在调用同样的 void CCNodeTest:: update(float dt)方法。但是因为使用了优先级设置，C 节点将会被先运行，然后是调用 A 节点。因为默认情况下优先级设定为 0。B 节点最后一个被调用，因为它的优先级的数值最大。更新方法的调用次序是从最小的优先级数值到最大的优先级数值。

你可能想知道什么时候会用到这个优先级功能。坦率地说，很少会用到它。不过按照笔者过去的经验，在某些极端情况下可能需要用到这个功能，比如在进行物理效果模拟之前或者之后，为参与模拟的对象添加力量。在宣布此项功能的同时也提到了物理效果的更新，说明了上述用处。有的时候，通常是在项目后期，你可能发现了一个很奇怪的 bug，这个 bug 是和时间的选择（timing）有关的，迫使你在完成所有的对象自我更新之后，运行玩家对象的更新方法。直到有一天需要用到优先级设置这个功能以解决特定的问题，现在可以忽略它。

2.4 Director 类、场景和层

1. CCDirector 类

首先接触到的是 CCDirector 类，顾名思义，它是 Cocos2d-x 的导演类。CCDirector 是单例（singleton）模式共享的对象。它知道当前哪个 scene 是激活的。

CCDirector 以 stack 的方式处理 scenes 的调用（当另一个 scene 进入时，暂停当前的 scene，完成之后再返回原来的 scene），CCDirector 负责更换 CCScene，在 CCLayer 被"push"时，更换或结束当前的 scene。另外，CCDirector 负责初始化 OpenGL ES。

接下来看一下 CCDirector 中的一些常用方法：

（1）创建或更改场景（scenes）。

（2）设置 Cocos2d-x 的 configuration 细节。

（3）获取视图（OpenGL、UIView、UIWindow）。

（4）暂停、继续或结束游戏。

(5) 转换 UIKit 和 OpenGL 坐标。

(6) 获取 CCDirector 对象。

```
CCDirector *director = [CCDirector sharedDirector]
```

(7) 设置游戏的设备方向。

```
#if GAME_AUTOROTATION == kGameAutorotationUIViewController
    [director setDeviceOrientation:kCCDeviceOrientationPortrait];
#else
    [director setDeviceOrientation:kCCDeviceOrientationLandscapeLeft];
#endif
```

(8) 设置动画间隔。

```
[director setAnimationInterval:1.0/60];
```

(9) 是否显示 FPS 数据。

```
[director setDisplayFPS:YES];
```

(10) 启动场景。

```
[[CCDirector sharedDirector] runWithScene: [HelloWorldScene node]];
```

(11) 获得所有可视区域的 Size。

```
CGSize winSize = [[CCDirector sharedDirector] winSize];
```

(12) 场景和层。

CCNode、CCScene 和 CCLayer 这些类是没有视觉表现的。它们是在内部作为场景图的抽象概念来使用的。CCLayer 最典型的应用是把各个节点组织起来，还有接收触摸输入和加速计输入的信息——前提是上述接收功能已被启用。

2. CCScene 类

CCScene 对象总是场景图里面的第一个节点。通常 CCScene 的子节点都是继承自 CCLayer。CCLayer 包含了各个游戏对象。因为在大多数情况下场景对象本身不包含任何游戏相关的代码，而且很少被子类化，所以它一般都是在 CCLayer 对象里通过+(id)scene 这个静态方法来创建的，可以参考代码清单 2-7。

代码清单 2-7　创建 CCScene 对象

```
CCScene* TestScene::scene()
{
    CCScene *scene = CCScene:: create ();
    TestScene *testScene = TestScene::create();
    scene->addChild(testScene);
    return scene;
}
```

第一个创建场景的地方是 AppDelegate 中 applicationDidFinishLaunching 方法的结束处，在那里用 Director 的 runWithScene 方法开始运行第一个场景，如代码清单 2-8 所示。

代码清单 2-8　运行场景

```
//用以下代码运行第一个场景
CCDirector::sharedDirector->runWithScene(HelloWorld::scene());
在其他情况下，用 replaceScene 方法来替换已有的场景：
//用 replaceScene 来替换所有以后需要变化的场景
CCDirector::sharedDirector()->replaceScene(HelloWorld::scene());
```

3．场景和内存

当替换一个场景时，新场景被加载进内存中，但是旧的场景还没有从内存中释放，这会让内存使用量在短时间内忽然增大。替换场景的过程很关键，因为很多时候会因为系统内存不够而收到内存警告或者导致程序崩溃。如果在开发过程中，发现游戏在场景转换过程中占用很多内存，应该尽早和尽量多地进行测试。

如果在替换场景时使用过渡效果（transitions），这个问题就更明显了。在过渡的过程中，新的场景首先被生成，然后运行过渡效果，只有在过渡效果完成以后，旧的场景才会被清理出内存。在创建场景的那个图层中添加日志可以更好地了解你的场景。

注意：你可以在 HelloWorld 场景里顺利运行这些代码。一个新的 HelloWorld 实例会被生成，替换掉原先的 HelloWorld 实例，相当于刷新场景。在替换场景时，Cocos2d-x 会把自己占用的内存清理干净。它会移除所有的节点，停止所有的动作，并且停止所有选择器的预定。之所以提到这一点，是因为有时开发者会直接调用 Cocos2d-x 的 removeAll 方法，那是没有必要的，应该相信 Cocos2d-x 的内存管理能力。

注意观察代码清单 2-9 这些日志信息。如果发现在场景转换过程中，析构函数里的日志信息没有被发送出去，那就碰到了大麻烦——整个场景都在内存泄漏，应该释放的内存没有得到释放。这样的事情是不大可能由 Cocos2d-x 本身导致的。

代码清单 2-9　日志输出

```
HelloWorld::HelloWorld()
{
    std::cout<<"构造场景";
}
HelloWorld::~HelloWorld()
{
    std::cout<<"释放场景";
}
```

有件事情永远都不应该尝试，那就是先把一个节点添加到场景中作为它的子节点，然后又自己把此节点"retain"下来。相反，应该用Cocos2d-x的方式来访问创建的节点，或者至少是弱引用节点指针，而不是直接"retain"节点。只要让Cocos2d-x来管理节点的内存使用，就不会遇到麻烦。

4．推进（Pushing）和弹出（Popping）场景

讨论到这里，笔者想提一下pushScene和popScene这两个来自Director的方法，有时它们会有些用处。它们的作用是在不从内存里移除旧场景的情况下运行新的场景，目的是让转换场景的速度更快。但是这里有个问题：如果场景很简单，同时互相分享内存，那么它们本身的加载速度就很快；而如果场景很复杂，需要消耗很长时间加载，那么它们就会互相争抢宝贵的内存而导致内存使用量迅速上升。

pushScene和popScene最大的问题是可以互相叠加。可以推进一个场景，同时运行一个新的场景。然后这个新场景推进另一个场景，而那个场景也会推进又一个场景。如果没有管理好场景的推进和弹出，最终你会忘记弹出场景，或者将同一个场景弹出多次。更加糟糕的是这些场景都共享着同一块内存。

在一种情况下pushScene和popScene很有用：如果要在很多地方使用一个通用的场景，比如包含改变音乐和声音音量菜单的"设置场景"，可以推进"设置场景"以显示它。"设置场景"的"回去"按钮则会调用popScene让游戏回到之前的场景。不管是在主菜单、游戏中，或是在其他一些地方打开"设置场景"，这个方法都能很好地工作。从此不再需要跟踪"设置场景"最后一次是在哪里打开的。

不过，还是需要测试"设置场景"在各种情况下的表现，以确定在任何情况下都有足够的内存可用。在理想状态下，"设置场景"本身应该是很简单轻巧的。

用代码清单2-10在任意一个地方显示"设置场景"。

代码清单 2-10　pushScene 和 popScene

```
CCDirector::sharedDirector()->pushScene(NewScene::scene());
```

如果身处"设置场景",但又想关闭"设置场景"时,可以调用 popScene。这样会回到之前还保留在内存里的场景:

```
CCDirector::sharedDirector()->popScene();
```

CCTransitionScene 所有过渡效果的类都继承自 CCTransitionScene。

注意:先在这里警告一下,在游戏里不是每个过渡效果都很有用,即使它们看起来很好看。玩家们最关心的是过渡的速度。即使 3 秒钟他们都会觉得长。笔者设置过渡效果的时间不会超过一秒,或者干脆完全不用。

绝对要避免在转换场景时随机选择过渡效果,玩家们不关心这些。作为开发者,可能对于过渡效果太兴奋了。如果不清楚该为哪个场景转换使用哪个过渡效果,那就不要用。换句话说,可以使用并不代表一定要用。

虽然过渡效果的名称和需要的参数数量很多,但是过渡效果只给场景转换代码增加了一行代码而已。代码清单 2-11 展示了很流行的淡入淡出过渡效果,它在一秒内过渡到了白色。

代码清单 2-11　淡入淡出过渡效果

```
//用我们想要在下一步显示的场景初始化一个过渡场景
CCTransitionFade *tran = CCTransitionFade::create(1.f, NewScene::scene(), ccWHITE);
//使用过渡场景对象而不是 HelloWorld
CCDirector::sharedDirector()->replaceScene(tran);
```

5. CCTransitionScene 类

可以把 CCTransitionScene 与 replaceScene 和 pushScene 结合起来使用,但是不能将过渡效果和 popScene 一起使用。

有很多种过渡效果可以使用,大多是和方向有关的,比如从哪个地方开始过渡到哪个地方结束过渡。以下是目前可以使用的过渡效果及其描述:

(1) CCFadeTransition:淡入淡出到一个指定的颜色,然后回来。

(2) CCFadeTRTransition(还有另外三种变化):瓦片(tiles)反转过来揭示场景。

(3) CCJumpZoomTransition:场景跳动着变小,新场景则跳动着变大。

(4) CCMoveInLTransition(还有另外三种变化):场景移出,同时新的场景从左边、右边、上方或者下方移入。

（5）CCOrientedTransitionScene（还有另外六种变化）：这种过渡效果会将整个场景翻转过来。

（6）CCPageTurnTransition：翻动书页的过渡效果。

（7）CCRotoZoomTransition：当前场景旋转变小，新的场景旋转变大。

（8）CCShrinkGrowTransition：当前场景缩小，新的场景在其之上变大。

（9）CCSlideInLTransition（还有另外三种变化）：新的场景从左边、右边、上方或者下方滑入。

（10）CCSplitColsTransition（还有另外一种变化）：将当前场景切成竖条，上下移动揭示新场景。

（11）CCTurnOffTilesTransition：将当前场景分成方块，用分成方块的新场景随机替换当前场景分出的方块。

6．CCLayer 类

有时在同一个场景里需要多个 CCLayer。可以参照代码清单 2-12 生成这样的场景。

代码清单 2-12　使用多个 CCLayer

```
CCScene* HelloWorld::scene()
{
    CCScene *scene = CCScene::create();
    CCLayer *helloWorldBGlayer = HelloWorld::create();
    scene->addChild(helloWorldBGlayer);

    CCLayer *gameLayer = GameLayer::create();
    scene->addChild(gameLayer);

    CCLayer *userInterfaceLayer = UserInterfaceLayer::create();
    scene->addChild(userInterfaceLayer);
    return scene;
}
```

另一个方式是通过创建 CCScene 的子类，然后在各个场景的 init 方法中生成 CCLayer 层和其他对象。

如果有一个滚动的背景，背景上有个静止的框围绕着背景（上面可能包含一些用户界面元素），这种情况下可能需要在同一个场景中使用多个层。通过使用两个分开的层，可以调整背景层的位置来使其移动，同时前景层保持不动。另外，根据层的 z-order 属性的不同，同一层的物体在另一层物体的前面或者后面。当然，也可以不用层而达到相同的效果。不过那样的话就要求背景上的各个物体要分开移动，这样做非常没有效率。

和场景一样，层没有大小的概念。层是一个组织的概念。比如，如果对一个层使用动作，那么所有在这个层上的物体都会受到影响。这意味着可以让同一层上的所有物体一起移动、旋转和缩放。通常，如果想让一组物体执行相同的动作和行为，层是很好的选择。比如说让所有的物体一起滚动。有时可能想让它们一起旋转，或者将它们重新排列然后覆盖在其他物体上面。如果所有这些物体是同一个层的子节点，就可以通过改变层的属性或者在层上执行动作，来达到影响层上所有子节点的目的。

注意：有人建议不要在同一个场景里使用过多的 CCLayer 对象，这是一个误解。使用层和使用其他的节点一样，并不会因为使用多个层而降低运行效率。不过，如果层接收触摸或者加速计事件的话就不一样了。因为接收处理外来事件很耗费资源。所以，不应该使用很多接收外来事件的层。比较好的处理方式是：只使用一个层来接收和处理事件。如果需要的话，这个层应该通过转发事件的方式来通知其他节点或类。

1）接收触摸事件

CCLayer 类是用来接收触摸输入的。不过要先启用这个功能才可以使用它。通过设置 setTouchEnabled 为 true 来让层接收触摸事件：this->setTouchEnabled(true), 此项设定最好在 init 方法中进行。可以在任何时间将其设置为 false 或者 true。一旦启用 isTouchEnabled 属性，许多与接收触摸输入相关的方法将会开始被调用。这些事件包括：当新的触摸开始时，当手指在触摸屏上移动时，还有在用户手指离开屏幕以后。很少会发生触摸事件被取消的情况，所以可以在大多数情况下忽略它，或者使用 ccTouchesEnded 方法来处理。触摸事件如代码清单 2-13 所示。

代码清单 2-13　触摸事件

```
//当手指首次触摸到屏幕时调用的方法
virtual void ccTouchesBegan(CCSet *pTouches,  CCEvent *pEvent);
//手指在屏幕上移动时调用的方法
virtual void ccTouchesMoved(CCSet *pTouches,  CCEvent *pEvent);
//当手指从屏幕上提起时调用的方法
virtual void ccTouchesEnded(CCSet *pTouches,  CCEvent *pEvent);
//当触摸事件被取消时调用的方法
virtual void ccTouchesCancelled(CCSet *pTouches,  CCEvent *pEvent);
```

注意：取消事件的情况很少发生，所以在大多数情况下它的行为和触摸结束时相同。

在很多情况下，你可能想知道触摸是在哪里开始的。因为触摸事件由 Cocoa Touch API

接收，所以触摸的位置必须被转换为 OpenGL 的坐标。代码清单 2-14 是一个用来转换坐标的方法。

代码清单 2-14　转换 OpenGL 的坐标

```
-(CGPoint) locationFromTouches:(NSSet *)touches
{
    CCSetIterator it = pTouches->begin();
    CCTouch* touch = (CCTouch*)(*it);
    CCPoint   m_tBeginPos = touch->locationInView();
    m_tBeginPos = CCDirector::sharedDirector()->convertToGL( m_tBeginPos );
}
```

上述方法只对单个触摸有效，因为我们使用了 pTouches->begin()。为了跟踪多点触摸的位置，必须单独跟踪每次触摸。

在默认情况下，层接收到的事件和苹果 UIResponder 类接收到的是一样的。

Cocos2d-x 也支持有针对性的触摸处理。和普通处理的区别是：它每次只接收一次触摸，而 UIResponder 总是接收到一组触摸。有针对性的触摸事件处理只是简单地把一组触摸事件分离开来，这样就可以根据游戏的需求提供所需的触摸事件。更重要的是，有针对性的处理允许你把某些触摸事件从队列里移除。这样的话，如果触摸发生在屏幕某个指定的区域，会比较容易识别出来。识别出来以后就可以把触摸标记为已经处理，并且其他所有的层都不再需要对这个区域再做检查。在层中添加以下方法可以启用有针对性的触摸事件处理，如代码清单 2-15 所示。

代码清单 2-15　启用有针对性的触摸事件

```
void HelloWorld::registerWithTouchDispatcher(void)
{
    CCTouchDispatcher* pDispatcher = CCDirector::sharedDirector()->getTouchDispatcher();
    pDispatcher->addTargetedDelegate(this,   INT_MIN+1,   true);
}
```

注意：如果把 registerWithTouchDispatcher 方法留空，将不会接收到任何触摸事件！如果想保留此方法，而且使用它的默认处理方式，必须调用 CCLayer::registerWithTouchDispatcher()这个方法。

现在将使用一套有点不一样的方法来代替默认的触摸输入处理方法。它们几乎完全一样，除了一点：用(CCTouch*)touch 代替(CCSet *)touches 作为方法的第一个参数，如代码清单 2-16 所示。

代码清单 2-16　单点触摸事件

```
bool HelloWorld::ccTouchBegan(CCTouch *pTouch,    CCEvent *pEvent)
{
    return true;
}
void HelloWorld::ccTouchMoved(CCTouch *pTouch,    CCEvent *pEvent)
{

}
void HelloWorld::ccTouchEnded(CCTouch *pTouch,    CCEvent *pEvent)
{

}
void HelloWorld::ccTouchCancelled(CCTouch *pTouch,    CCEvent *pEvent)
{

}
```

这里很重要的一点是，ccTouchBegan 返回的是一个布尔值（BOOL）。如果返回了 true，那就意味着不想让当前的触摸事件传导到其他触摸事件处理器。实际上是"吞下了"这个触摸事件。

2）接收加速计事件

和触摸输入一样，加速计必须在启用后才能接收加速计事件：

```
this->setAccelerometer Enabled(true);
```

同样，层里面要加入一个特定的方法来接收加速计事件，如代码清单 2-17 所示。

代码清单 2-17　加速计事件

```
void HelloWorld::didAccelerate(CCAcceleration* pAccelerationValue)
{
    std::cout<<"x:"<<pAccelerationValue->x<<" ";
    std::cout<<"y:"<<pAccelerationValue->y<<" ";
    std::cout<<"z:"<<pAccelerationValue->z<<"\n";
}
```

可以通过加速度参数来决定任意三个方向的加速度值。

2.5　CCSprite 类

CCSprite 是最常用到的类。它使用图片把精灵（sprite）显示在屏幕上。生成精灵最简单的方法是把图片文件加载进 CCTexture2D 材质里面，然后将它赋给精灵。必须把需要用到的图片文件放进 Xcode 的 Resources 组中，否则应用程序将无法找到指定的图片文件，添加精灵如代码清单 2-18 所示。

代码清单 2-18　添加精灵

```
CCSprite* pSprite = CCSprite::create("HelloWorld.png");
this->addChild(pSprite, 0);
```

这个精灵会被系统放置在屏幕的哪个地方呢？可能和笔者想的相反，精灵贴图的中心点和精灵的左下角位置是一致的。生成的精灵被放置在（0，0）点，也就是屏幕的左下角。因为精灵贴图的中心点和精灵的左下角位置一致，导致贴图只能显示一部分（也就是贴图的右边上半部分）。比如，假设图片大小是 80×30 像素，必须将精灵移动到坐标（40，15）才能将精灵贴图与屏幕的左下角完美对齐，从而看到完整的贴图。

乍看上去这样安排位置很不寻常，不过将贴图的中心点和精灵的左下角位置设为一致有很大的好处。一旦开始使用精灵的旋转或缩放属性，精灵的中心点将会保持在它的位置上。

注意：iOS 设备上的文件名是区分大小写的！在模拟器上测试时并不区分大小写，但是在 iOS 设备上实际测试时，程序就会因为大小写错误而崩溃。

这个要求导致了很多让开发者头痛的问题，这也是另一个为什么要经常在设备上做实际测试的原因。为自己确立一个文件命名规则，并且坚持用下去。就笔者自己而言，笔者全部使用小写，词和词之间则用下画线分开。

1．定位点揭秘

每个节点都有一个定位点，但是只有当此节点拥有贴图时，这个定位点才有用。在默认情况下，anchorPoint 属性设置为（0.5, 0.5）或者贴图尺寸的一半。它是一个抽象的因素，一个乘数，而不是一个特定的像素尺寸。

和你想的恰恰相反，定位点和节点的位置没有关系。虽然当改变 anchorPoint 属性时，看到精灵在屏幕上的位置发生了变化。但那是错觉，因为节点的位置并没有改变，改变的是精灵里贴图的位置！

anchorPoint 定义的是贴图相对于节点位置的偏移。可以通过把贴图的宽和高乘以定位点来得到贴图的偏移值。顺便提一下，有一个只读的 anchorPointPixels 属性可以得到贴图的像素偏移值，所以不需要自己计算。

如果设置 anchorPoint 为（0，0），实际上是把贴图的左下角同节点的位置对齐了。代码清单 2-19 中的代码会把精灵图片完美地同屏幕左下角对齐。

代码清单 2-19　设置定位点

```
CCSprite* pSprite = CCSprite::create("HelloWorld.png");
pSprite->setAnchorPoint(ccp(0，0));
this->addChild(pSprite，0);
```

注意：如果在使用别的游戏引擎时，习惯了把所有精灵定位点都设为（0，0），请不要在 Cocos2d-x 里面这样做。这样做会引起很多麻烦，包括旋转和缩放，父节点和子节点之间的相对位置，还有距离测试和碰撞测试。要保证 anchorPoint 在贴图的中央。

2. 贴图大小

目前可用于 iOS 设备的贴图尺寸必须符合 "2 的 n 次方" 规定，所以贴图的宽和高必须是 2、4、8、16、32、64、128、256、512 和 1024。在第三代设备上可以达到 2048 像素。贴图不一定是正方形的，所以 8×1024 像素的贴图完全没有问题。

在制作贴图时要考虑到上述尺寸要求，比如在为精灵准备图片时。让我们马上来看看最坏情况下会发生什么事情：假设你的图片尺寸是 260×260，用的是 32 位颜色。在内存里，贴图本来只占 279 KB 左右的空间，但是现在却使用了整整 1 MB。

这几乎是原尺寸 4 倍的内存占用，这是因为 iOS 设备要求任何贴图的尺寸必须符合 "2 的 n 次方" 规定。260×260 像素的贴图到了 iOS 设备中以后，系统会自动生成一张与 260×260 尺寸最相近的符合 "2 的 n 次方" 规定的图片（一张 512×512 像素的图片），以便于把原贴图放进这个符合规定的 "容器" 中。而这张 512×512 像素的图片占用了 1 MB 的内存空间。

为了解决这个问题，唯一能够做的是确保任何制作的图片尺寸符合 "2 的 n 次方" 规定。260×260 像素的图片其实应该做成 256×256 像素。这样就不会浪费这么多的内存。如果有设计师为你工作，要确保她按照要求制作。

在第 5 章会讲解如何使用 "纹理贴图集" 来最大限度地解决这个问题。

2.6 CCLabel

当需要在屏幕上显示文字时,CCLabel 是最直接的选择。代码清单 2-20 中的代码会生成一个 CCLabel 对象用于显示文字。

代码清单 2-20　添加文字

```
CCLabelTTF* pLabel = CCLabelTTF::create("Hello World", "Thonburi", 34);
this->addChild(pLabel);
```

如果想知道 iOS 设备上有哪些 TrueType 字体可以使用,本章提供的 Essentials 源代码里提供了一个字体列表,见光盘"第 2 章"中的源码。

从生成文字的内部原理来说,TrueType 字体被用于在 CCTexture2D 贴图上渲染出文字。因为每次文字的改变都会导致系统重新渲染一遍,所以不应该经常改变文字。重建文字标签的贴图非常耗时。

```
label->setString = "New Text";
```

如果改变标签上的文字,文字始终是居中的,这是因为定位点的关系。可以通过改变 anchorPoint 属性将文字居左、居右、置顶或者放置在底部。代码清单 2-21 中的代码通过改变 anchorPoint 属性来排列对齐标签。

代码清单 2-21　排列对齐标签

```
//右对齐
pSprite->setAnchorPoint(ccp(1, 0.5f));
//左对齐
pSprite->setAnchorPoint(ccp(0, 0.5f));
//置顶放置
pSprite->setAnchorPoint(ccp(0.5, 1));
//放置在底部
pSprite->setAnchorPoint(ccp(0.5, 0));
//使用实例:将标签放置在屏幕右上角
//标签文字延展到左下方,并且在屏幕上总是可见
CCSize size = CCDirector::sharedDirector()->getWinSize();
pLabel->setPosition(ccp(size.width, size.height));
pLabel ->setAnchorPoint(ccp(1, 1));
```

2.7 CCMenu

很快你就会需要一些可以让用户进行操作的按钮,比如进入下一个场景或者将音乐打开或关闭的按钮。这里使用 CCMenu 类来生成菜单。CCMenu 只支持 CCMenuItem 节点作为它的子节点。

代码清单 2-22 的代码展示了如何设置菜单。可以在 Essentials 项目的 MenuScene 类里找到这些菜单代码。

代码清单 2-22　用文字和图片菜单制作 Cocos2d-x 菜单

```
CCSize size = CCDirector::sharedDirector()->getWinSize();
//设置 CCMenuItemFont 的默认属性
CCMenuItemFont::setFontName("Helvetica-BoldOblique");
CCMenuItemFont::setFontSize(26);
//生成几个文字标签并指定它们的选择器
CCMenuItemFont *item1 = CCMenuItemFont::create("Go Back", this,
menu_selector(HelloWorld::menuCallback));
//使用已有的精灵生成一个菜单项
CCSprite *normal = CCSprite::create("Icon.png");
normal->setColor(ccRED);
CCSprite *selected = CCSprite::create("Icon.png");
selected->setColor(ccGREEN);
CCMenuItemSprite *item2 = CCMenuItemSprite::create(normal, selected, this,
menu_selector(HelloWorld::menuCallback));
//用其他两个菜单项生成一个切换菜单（图片也可以用于切换）
CCMenuItemFont::setFontName("STHeitiJ-Light");
CCMenuItemFont::setFontSize(18);
CCMenuItemFont *toggleOn = CCMenuItemFont::create("I'm ON！");
CCMenuItemFont *toggleOff = CCMenuItemFont::create("I'm OFF！");

CCMenuItemToggle *item1 = CCMenuItemToggle::createWithTarget(this,
menu_selector(HelloWorld::menuCallback), toggleOff, toggleOn, NULL);
//用菜单项生成菜单
CCMenu *menu = CCMenu::create(item1, NULL);
menu->setPosition(ccp(0, 0));
```

```
this->addChild(menu);
//排列对齐很重要,这样菜单项才不会叠加在同一个位置
menu->alignItemsVerticallyWithPadding(40);
```

注意:菜单项参数总是用 NULL 作为最后一个参数。如果忘记添加最后的 NULL 参数,应用程序会在那一行崩溃。

第一个菜单项基于 CCMenuItemFont,用于显示一条文字。当单击此菜单项时,它会调用 menuItem1Touched 方法。在程序内部,CCMenuItemFont 只是简单地生成一个 CCLabel。若场景中已经有一个 CCLabel,可以把它与 CCMenuItemLabel 类结合在一起使用。

同样,有两个使用图片的菜单项,其中一个是 CCMenuItemImage,它利用图片文件生成菜单项,内部实际上使用了 CCSprite 来实现。笔者在上述代码里使用了另一个类——CCMenuItemSprite。笔者认为这个类使用起来更加方便,因为它可以重复利用已有的精灵作为参数。可以改变同一个图片的颜色,作为显示触摸后高亮效果的图片。CCMenuItem Toggole 只接受两个继承自 CCMenuItem 的对象作为参数,当用户单击菜单时,菜单将会在两个菜单项间进行切换。可以在 CCMenuItemToggle 里使用文字标签或者图片。

最后,CCMenu 本身被生成和放置在场景中。因为所有菜单项都是 CCMenu 的子节点,它们放置的位置都是相对于 CCMenu 的。为了不让菜单互相叠加在一起,必须调用一个 CCMenu 的排列对齐方法,比如像在代码清单 2-22 结束的地方使用的 alighItemsVertically WithPadding 方法。

因为 CCMenu 包含了所有的菜单项,可以通过动作来让它们一起滚动。这会让菜单看上去不那么呆板。笔者在 Essentials 项目中提供了一个例子。可以在图 2-3 中看到上述代码生成的菜单项。

图 2-3 菜单项

2.8 动作

一般对于游戏中的精灵而言，它们不仅仅存在于场景中，而且是动态展现的，例如，精灵移动的动态效果、动画效果、跳动效果、闪烁和旋转动态效果等。每一种效果都可以看成精灵的一个动作。在 Cocos2d-x 引擎中动作定义了在节点上进行通用的操作，它不依赖于节点，但是运行时需要指定节点作为目标，动作可以实现很多动画效果。动作分为瞬时动作（基类 CCActionInstanse）和延时动作（基类 CCActionInterval），如图 2-4 所示。

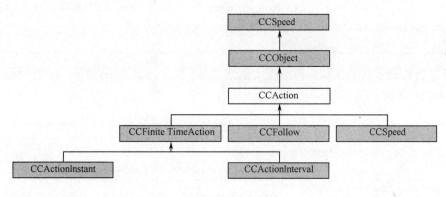

图 2-4 动作结构

CCActionInstanse：没什么特别，和 CCActionInterval 的主要区别是没有执行过程，动作瞬间就执行完成了。

CCActionInterval：执行需要一定的时间（或者说一个过程）。我们用的最多的就是延时动作。

CCActionInterval 的子类有很多，可以通过 Cocos2d-x 自带的 tests 例子来学习，主要有这些动作：移动（CCMoveTo/CCMoveBy）、缩放（CCScaleTo/ CCScaleBy）、旋转（CCRotateTO/CCRotateBy）、扭曲（CCSkewTo/CCSkewBy）、跳跃（CCJumpTo/CCJumpBy）、贝塞尔曲线（CCBezierTo/CCBezierBy）、闪烁（CCBink）、淡入淡出（CCFadeIn/CCFadeOut）、染色（CCTintTo/CCTintBy）等，还可以把上面这些动作的其中几个组合成一个序列。用到的时候具体参数的含义可以参考 Cocos2d-x 自带的 tests 例子。

1. 重复动作

重复动作有 CCRepeat 和 CCRepeatForever。

- CCRepeat：表示重复执行某个动作或者动作序列，但是是有限次的重复，可以指定重复次数；
- CCRepeatForever：表示无限地重复执行某个动作或动作序列。

CCRepeat 的使用代码如代码清单 2-23 所示。

代码清单 2-23　CCRepeat 用法

```
CCActionInterval *rep2  =  CCRepeat::create
                         ((CCFiniteTimeAction*) (seq->copy()->autorelease()));
m_kathia->runAction( rep2);
m_kathia->runAction( rep2);
```

第二个参数是重复的次数，范围是 1 到 2 的 30 次方。CCRepeatForever 的使用代码如代码清单 2-24 所示。

代码清单 2-24　CCRepeatForever 用法

```
CCAction *rep2 = CCRepeatForever::create
                ((CCActionInterval*) (seq->copy()->autorelease()));
m_kathia->runAction( rep2);
```

2. 流畅动作

CCActionEase 类的出现使得动作显得更为强大了。流畅动作允许你改变在一段时间内的动作效果。例如，如果对一个节点使用 CCMoveTo 动作，它会匀速移动到目标。如果使用 CCActionEase 动作，就可以让节点由慢到快或由快到慢地移向目标，或者让节点移过目的地一些，再弹回来。流畅动作能帮你创建通常要花很长时间才能做出来的动画。代码清单 2-25 所示的这段代码展示了如何使用流畅动作来改变一个普通动作的行为。

代码清单 2-25　流畅动作

```
CCActionInterval * move =  CCMoveto::actionWithDuration(3,
                                           CcPointMake (100,   200));
CCEaseInOut* ease = CCEaseInOut::actionWithAction(move);
myNode.runAction(ease);
```

Cocos2d 实现了如下几个 CCActionEase 类：

- CCEaseBackIn、CCEaseBackInOut、CCEaseBackOut；

- CCEaseBounceIn、CCEaseBounceInOut、CCEaseBounceOut；

- CCEaseElasticIn、CCEaseElasticInOut、CCEaseElasticOut；

- CCEaseExponentialIn、CCEaseExponentialInOut、CCEaseExponentialOut；

- CCEaseIn、CCEaseInOut、CCEaseOut；

- CCEaseSineIn、CCEaseSineInOut、CCEaseSineOut。

3. 动作序列

在游戏中，游戏对象有时不是执行一个动作，有时会执行多个动作的动作序列，有时会同时执行几个动作序列；这时就需要使用组合动作的方式将多个动作按序列组织，需要用到 CCSequence 动作序列。

定义一个动作序列，可以使用动作的 CCArray 数组，也可以把所有的动作作为参数传入 creat 函数中，最后结尾时有 NULL 即可。还可以把两个有限时间动作按顺序传入 creat 函数中，如代码清单 2-26 所示。

代码清单 2-26　动作序列

```
CCFiniteTimeAction *seq = CCSequence::creat(action2，reverse2，NULL);
m_kathia->runAction(seq2);
```

4. 瞬时动作

瞬时动作 CCActionInstant 类可用于翻转节点、移动节点以及设置节点的可视性等。读到这里，读者可能会感到奇怪：这些动作都可以通过修改节点属性来完成，那么瞬时动作的存在又有什么意义呢？

CCActionInstant 的常用子类有：

- CCFlipX：X 轴翻转；

- CCFlipY：Y 轴翻转；

- CCHide：隐藏；

- CCShow：显示；

- CCToggleVisibility：切换可视性；

- CCPlace：放置到一个位置；

- CCCallFunc 家族：回调函数包装器。

其实，正是动作序列使得这些瞬时动作变得有意义了。有时在一串动作中，需要改变节点的某个属性，如可视性和位置，然后再继续运行序列。如何在动作序列中修改这些属性呢？这时瞬时动作就派上了用场。确实，瞬时动作通常只是用于 CCCallFunc 动作。

使用动作序列时，你也许想在特定时刻收到通知。例如，一个序列完成后，紧接着要开始另一个序列。可以使用 CCCallFunc 的 3 个版本来达到这个效果，它们会在序列中轮到自己时发出消息。我们来重写一下颜色变换序列，它会在每次 CCTintTo 动作完成后调用一个方法，见代码清单 2-27。

代码清单 2-27　动作序列

```
CCCallFunc *func = CCCallFunc::actionWithTarget(this, onCallFunc);
CCCallFuncN *funcN = CCCallFuncN::actionWithTarget(this, onCallFuncN);
CCCallFuncND *funcND = CCCallFuncND::actionWithTarget(this, onCallFuncND, (void*)this);
CCCallFuncO *funcO = CCCallFuncO::actionWithTarget(this, onCallFuncO, (id) this);
CCSequence *seq= CCSequence::actions:tint1，func，tint2，funcN，tint3，funcND，nil];
label.runAction(seq);
```

这个序列会一个接一个地调用下列方法（sender 参数总是继承自 CCNode，它是运行这些动作的节点；data 参数可供你任意使用，可以用它传递值、结构体或其他指针，只要能正确地转换 data 指针的类型即可）。序列回调如代码清单 2-28 所示。

代码清单 2-28　序列回调

```
void onCallFunc
{
    CCLOG("onCallFunc");
}
void onCallFuncN
{
    CCLOG("onCallFuncN");
}
void onCallFunND
{
    CCLOG("onCallFunND");
}
```

```
void onCallFunO
{
    CCLOG("onCallFunO");
}
```

当然，CCCallFunc 也能和 CCRepeatForever 序列配合使用，你的方法会在适当时被反复调用。

Cocos2d-x 测试案例：

Cocos2d-x 本身自带了许多测试案例。在路径"...\Cocos2d-x 安装包\samples\TestCpp"中，包含了许多测试案例可供参考。可以先看看它们的效果，然后阅读代码以了解它们的实现原理。

第 3 章 常用游戏开发工具的使用方法

3.1 使用 Glyph Designer 创建位图字体

之前介绍过刷新 CCLabelTTF 的文字速度效率会很低，因为上面的文字实际上是张贴图，它需要通过 iOS 的字体渲染方法来生成，同时还要兼顾分配一个新的贴图和释放旧的贴图，这些都很花时间。好在可以使用位图字体来生成 Label 标签。

在游戏中使用位图字体是个很棒的选择，但位图字体也有很大的不足之处。任意位图字体的大小都是固定的。如果需要同一字体的不同字号，可以缩放。但字号增大时会损失图像质量，字号减小时会浪费内存。还可以另外创建一个与原来字体大小不同的字体文件，但是这样会使用更多内存，因为即使只有字体大小不同，每个位图字体也都有其特有的 纹理。

要使用位图字体有个明显的条件——必须添加 bitmapfont.fnt 和 bitmapfont.png 文件，它们都在项目的 Resources 文件夹中。更重要的是，早晚有一天你会想创建自己的位图字体。有一个名为 Hiero 的工具专门实现此目的，但是现在更好的工具是 Glyph Designer。现在，只有当你不想在这类工具上花钱时，才会去考虑 Hiero。它的作者是 Kevin James Glass。这是个免费的 Java Web 应用程序，网址为 http://slick.cokeandcode.com/demos/hiero.jnlp。

Hiero 的缺点就在于，它是个免费的 Java Web 应用程序。由于缺少安全证书，你会被要求信任此应用程序。反过来说，这个应用程序的使用者很多，而且到目前为止还没有证据表明它不值得信任。Hiero 存在一些奇怪而又恼人的 bug，例如有一个 bug 会导致结果图像文件上下翻转。如果在应用程序中看到的不是正确的位图字体文本，那么可能需要使用一个图像编辑程序将该位图字体 PNG 图像上下翻转。有一个关于 Hiero 的教程中描述了这些问题和相应的解决办法，网址为 www.learn-cocos2d.com/knowledge-base/tutorial-bitmap-fonts-hiero。

部分开发者更喜欢使用 BMFont。但 BMFont 是 Windows 程序，需要一台安装了 Windows 操作系统的计算机或者在 Mac 上安装 Windows 虚拟机才能运行。正因为如此，这款软件并没有在 Mac 开发者社区中广泛流传。可以从 www.angelcode.com/products/bmfont 上下载这款软件。

最后，对于愿意花一些钱来购买一个便捷而又可靠的工具的开发者，他们有了一个满意的工具：Glyph Designer。

在 http://glyphdesigner.71squared.com 可以下载 Glyph Designer 的试用版本。如果你已经很熟悉 Hiero，会发现两者的功能十分相似，但是 Glyph Designer 的用户界面要简单得多，而且有很多值得探索的地方。Mike Daley 在某一集的 Cocos2d Podcast（可在 http://cocos2dpodcast.wordpress.com 找到）中提到，Glyph Designer 还会加入一个新功能，允许与该工具的其他用户共享字体设计。

图 3-1 所示为 Glyph Designer 的主界面。创建位图字体的过程相对轻松，读者可以试着调节 Glyph Designer 中的各种旋钮、按钮和颜色。

图 3-1　Glyph Designer 的主界面

在该图的左侧窗格中可以看到一个 TrueType 字体列表，如果在该列表中找不到想要的字体，可以单击 Load Font 图标来加载任意 TTF 格式的字体文件。在列表下方，可以使用滑动条改变字体大小，并应用粗体、斜体和其他字体样式。

在该图的中间窗格中，可以看到根据当前设置自动生成的纹理贴图集。而且可以注意到，在修改字体设置时，纹理贴图集的大小和字符的顺序会频繁地发生变化。可以从中选择一个字符，在右侧窗格中 Glyph Info 的下方查看其信息。

在该图右侧窗格中可以看到生成纹理贴图集所需的全部设置内容，更下方的位置，可以修改纹理贴图集的设置，不过在大多数情况下没有必要修改。Glyph Designer 确保了纹理贴图集总是足够大到能够在单个纹理中包含所有的字符。

Glyph Fill 提供的设置可以修改笔画的颜色和填充方式，包括渐变设置。还有两个选项：Glyph Outline 和 Glyph Shadow。使用 Glyph Outline 可以修改每个笔画旁边的黑色细线，使用 Glyph Shadow 可以为字体创建 3D 外观。

右侧窗格的最底部是 Included Glyphs 部分。在该部分，可以选择在纹理图册中包含哪些预定义的字符。如果十分确定不需要某些字符，那么也可以输入自己的字符列表来减小纹理的尺寸。例如，在得分字符串中，只需要数字和很少的一些字符，所以这么做特别有帮助。

对纹理贴图集中字体感到满意后，应该保存整个项目，以便能够重新修改设置。为了以 Cocos2d-x 可用的格式保存字体，需要通过"File"→"Export"以.fnt(cocos2d Text)格式保存它。然后可以在 Xcode 项目中添加使用 Glyph Designer 创建的 FNT 和 PNG 文件，并在 CCLabelBMFont 类中使用 FNT 文件，可以参考代码清单 3-1。

代码清单 3-1　使用 FNT 文件

```
CCLabelBMFont* pLabel = CCLabelBMFont::create("Hello The9",    "GlyphTest.fnt");
CCSize size = CCDirector::sharedDirector()->getWinSize();
pLabel->setPosition( ccp(size.width / 2,    size.height-32) );
this->addChild(pLabel，1);
```

在工程中输入以上代码后运行效果如图 3-2 所示。

提示：创建支持 Retina 屏幕的纹理贴图集也很简单。由于 Glyph Designer 无法同时生成 SD 和 HD 两种格式的纹理贴图集，所以我们需要分别导出。首先使用正常字体设置创建并导出，这将生成 SD 分辨率的字体。然后需要将 Glyph Designer 中的字体大小增加 1 倍。例如，将设置字体大小的滑块从字号 30 移动到字号 60。然后，使用相同的文件名，但是加上 hd 后缀，重新导出字体。现在就同时有了 SD 和 HD 两种大小的字体。

图 3-2　使用 FNT 文件效果

注意：如果试图使用 CCLabelBMFont 显示.fnt 文件中不可用的字符，这些字符将被跳过，不会显示出来。例如，如果使用语句[label setString:@"Hello, World!"]，但是纹理贴图集的字符中只包含小写字母，不包括标点符号字符，那么显示的将是字符串"ello orld"。

3.2　TexturePacker 纹理贴图集

首先要解释一下，为什么要使用 TexturePacker？

这是因为我们做的游戏最终要运行在 iOS 或者 Android 设备上，而 iOS 或者 Android 设备都是使用 OpenGL ES 对图形进行的渲染。和开发传统 PC 游戏不同的是，这些设备上的内存通常都非常小。所以我们要针对 OpenGL ES 渲染和内存的占用情况来进行优化。

第一点：内存问题。OpenGL ES 纹理的宽和高都要是 2 次幂数，以刚才的例子来说，假如 start.png 本身是 480×320，但在载入内存后，它其实会被变成一张 512×512 的纹理，而 start.png 则由 101×131 变成 128×256。在默认情况下，当你在 Cocos2d-x 里面加载一张图片时，对于每一个像素点使用 4 个字节来表示——1 个字节（8 位）代表 red，另外 3 个字节分别代表 green、blue 和 alpha 透明通道，这个就简称 RGBA8888。

因此，如果使用默认的像素格式来加载图片，则可以通过下面的公式来计算出将要消耗多少内存来加载图片：图像宽度（width）×图像高度（height）×每一个像素的位数（bytes per pixel）=内存大小。

此时，如果有一张 512×512 的图片，那么当使用默认的像素格式去加载它时，那么将耗费 512×512×4=1 MB。

第二点：关于渲染速度方面。OpenGL ES 中应该尽量减少渲染时的切换纹理和 glDrawArray 的调用，刚才的例子中每画一个图像都会切换一次纹理并调用一次 glDrawArray，我们这里只画 3 样东西，所以不会看到有什么问题，但如果我们要渲染几十个甚至几百个图像，速度上就会被拖慢，很明显这并不是我们所想要的。

渲染速度方面，OpenGL ES 要求切换的纹理少，所以我们可以考虑将小的图片拼成大的图片，然后加载，这样就减少了纹理的切换。所以使用 TexturePacker 是很有必要的。

接下来让我们一起来看下这个工具是如何使用的。

图 3-3 所示的为 TexturePacker 的界面。

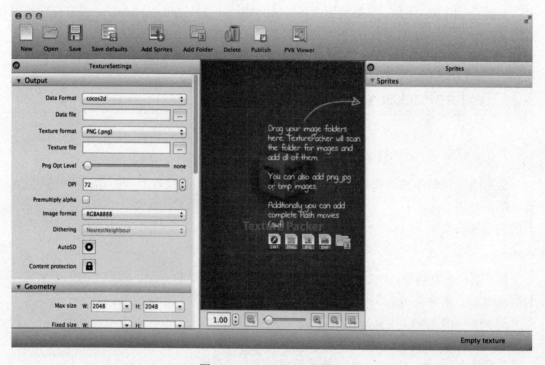

图 3-3　TexturePacker 的界面

Data Format：导出何种引擎数据，默认为 Cocos2d，下拉列表中有很多，基本常用的引擎都支持了。

Data File：导出文件位置（后缀名为.plist）。

Texture Format：纹理格式，默认为 png。

Image format：图片像素格式，默认为 RGBA8888。根据对图片质量的需求导出不同的格式。

Dithering：抖动，默认为 NearestNeighbour（如果图像上面有许许多多的"条条"和颜色梯度变化，将其修改成 FloydSteinberg＋Alpha）。

Scale：让你可以保存一个比原始图片尺寸要大一点或者小一点的 spritesheet。比如，如果想在 spritesheet 中加载"@2x"的图片（即为 Retina-display 设备或者 iPad 创建的图片）。但是同时也想为不支持高清显示的 iPhone 和 iPod touch 制作 spritesheet，这时只需要设置 scale 为 1.0，同时勾选 autoSD 就可以了。也就是说，只需要美工提供高清显示的图片，用这个软件可以生成高清和普清的图片。

Algorithm TexturePacker：目前唯一支持的算法就是 MaxRects，即按精灵尺寸大小排列，但是这个算法效果非常好，因此不用管它。

Border/shape padding：在 spritesheet 里面，设置精灵与精灵之间的间隔。如果在你的游戏当中看到精灵的旁边有一些"杂图"时，你就可以增加这个精灵之间的间隔。

Extrude：精灵边界的重复像素个数。这个与间隔是相对应的——如果在精灵的边上看到一些透明的小点，就可以通过把这个值设置大一点。

Trim：通过移除精灵四周的透明区域使之更好地放在 spritesheet 中去。不要担心，这些透明的区域仅仅是为了使 spritesheet 里面的精灵紧凑一点——当在 Cocos2d-x 里面去读取这些精灵时，这些透明区域仍然在那里（因为，有些情况下，你可能需要这些信息来确定精灵的位置）。

Shape outlines：把这个选项打开，那么就能看到精灵的边，这在调试时非常有用。

AddSprite：添加图片 Add Folder，根据文件夹添加图片。

Publish：导出资源文件（.plist 和 png）。

3.3 Particle Designer 粒子效果

每当提到漂亮的特效时，笔者都会想起粒子特效。粒子特效虽然看起来很绚丽、很酷，但是实现起来却不怎么复杂。从技术层面上来讲，所谓粒子效果，就是一些着色了的方块在不停地运动，并加以一些特殊的混合模式之后所得到的一种漂亮效果。但是粒子效果需要设置大量的参数，并且还不是最终自己想要的。一次又一次的编译、运行，这样效率可是非常低下的！那么可不可以通过可视化界面的方式来设计粒子效果呢？答案是可以的！推荐一个非常方便的工具——ParticleDesigner，该工具依然是由同一家公司 71 squared 在 GlyphDesigner 之后出品的。Particle Designer 是收费软件，可以在 71 Squared 网站 http://particledesigner.71squared.com 上购买。打开 Particle Designer 后，首先出现的是如图 3-4 所示的界面，其中包括一个主界面和一个 iPhone 模拟器，当前编辑中的粒子效果就会在模拟器中显示实时预览状态。下面介绍主界面的基本功能。

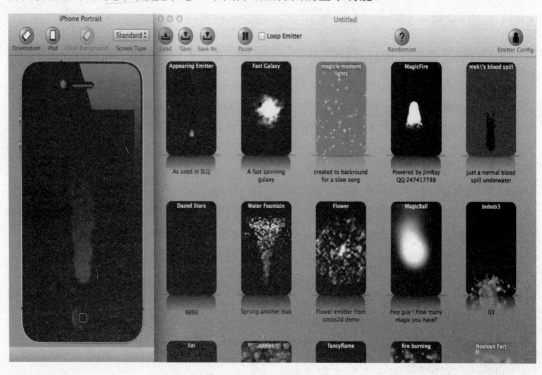

图 3-4　粒子效果显示界面

首先看到的是模拟器中工具栏（如图 3-5 所示），其中各个按钮（按照从左至右的顺序）的功能如下所示。

图 3-5　模拟器中的工具栏

- Orientation：旋转设备方向（即水平或竖直方向）。
- iPad：改变模拟器的形态，当前状态下显示为 iPhone 模拟器，按下该按钮后切换为 iPad 模拟器，再次按下后切换为 iPhone 模拟器。
- Clear BackGround：清除模拟器中的背景颜色。
- Screen Type：切换当前的设计分辨率到高清模式（Retina）。

接下来是主视图中的工具栏（如图 3-6 所示），其中各个按钮（按照从左至右的顺序）的功能如下所示。

图 3-6　主视图中的工具栏

- Load、Save 和 Save As：载入或保存粒子效果，产生的粒子系统文件后缀为".pex"。
- Pause：暂停播放粒子动画，按下后变为 Play 按钮，再次按下会继续播放粒子动画。
- Loop Emitter：设置是否循环播放粒子效果。
- Randomize：生成一个参数随机的粒子效果。
- Emitter Config：切换至参数设置页面。切换至参数设置页面后，变为 Shared Emitters 按钮，用于设置页面和预置效果页面之间的切换。

主窗口中提供了一系列的参数供设置。可以花一些时间去简单地调试这些参数，以配置出自己满意的效果。

在介绍完主要按钮的作用后，我们来看预置效果页面（即图 3-4 中的主界面），其中显示了很多预置效果，单击它们可以预览效果。如果要自己制作粒子效果，一个很好的方法是选择一个近似的预置效果，再进入参数设置页面调整参数。单击工具栏中的 Emitter Config 按钮，主界面就会变为如图 3-7 所示的参数设置页面。

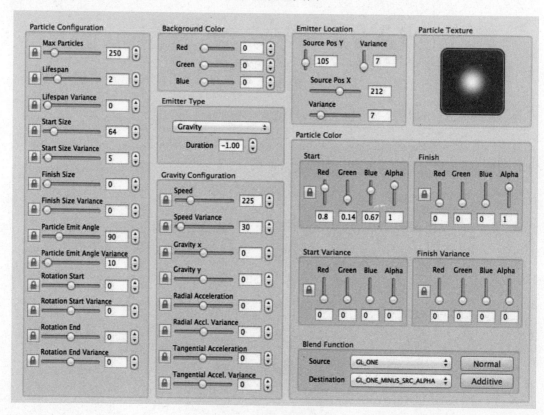

图 3-7　参数设置页面

这个页面中的参数完全决定了粒子运行的效果，其中的每一项都可以进行修改。下面介绍参数设置页面中各种参数的含义。

- Particle Configuration：用于配置粒子数目、粒子寿命和粒子寿命抖动值。
- Max Particles：屏幕中同时出现的最多粒子数目，其取值范围为 0～2000。
- Lifespan：每个粒子从产生到消失的平均时间，其取值范围为 0～10。
- Lifespan Variance：设定粒子寿命的最大值与最小值的差距，其取值范围为 0～10。抖动值越大，不同的粒子寿命相差越多。

- Start Size：粒子生成时的大小，其取值范围为 0～64。
- Start Size Variance：设定粒子初始大小的抖动范围。
- Finish Size：粒子消失时的大小。
- Finish Size Variance：设定粒子最终大小的抖动范围。
- Particle Emit Angle：范围为 0～360，0 为水平向右的方向。
- Particle Emit Angle Variance：设定粒子发射角度的抖动范围，其取值范围为 0～360。若设置为 0，则发出的粒子在一条直线上；若设置为 360，则粒子向四周发散。
- Background Color：根据 RGB 值调节背景颜色，每种颜色的取值范围为 0～1。
- Emitter Type：发射类型，分为 Gravity（重力型）和 Radial（辐射型）。重力型为让所有粒子都受到某一个方向的力，而辐射型为让所有粒子的受力指向一点。两者的设置有所不同，接下来会介绍。
- Duration：效果持续的时间，其取值范围为 –1～10，其中 –1 为永远持续。
- Gravity Configuration：重力参数设置。当选择 Emitter Type 为 Gravity 时，可以设置该参数。
- Speed：粒子发射时的初速度，其取值范围为 0～1000。
- Speed Variance：设定粒子发射初速度的抖动范围，其取值范围为 0～1000。
- Gravity x：设定横向重力大小，其取值范围为 –3000～+3000。
- Gravity y：设定纵向重力大小。
- Radial Acceleration：设定粒子发出时的径向加速度，其值越大，粒子越分散。
- Radial Accl. Variance：径向加速度抖动。
- Tangential Acceleration：设定粒子发出时的切向加速度，其值越大，粒子轨迹旋转角度越大。
- Tangential Accel. Variance：切向加速度抖动。
- Radial Configuration：辐射参数设置。当选择 Emitter Type 为 Radial 时，可以设置该参数。

- Max Radius：粒子相对辐射中心的最大半径。
- Max Radius variance：最大半径抖动。
- Min Radius：粒子相对辐射中心的最小半径。
- Deg. Per Second：粒子相对辐射中心的转速，即切向分速度。
- Deg. Per Second Variance：转速抖动。
- Emitter Location：粒子位置。
- Source Pos Y：粒子位置 Y 坐标。
- Variance：抖动值，此值只有在 Gravity 模式下可用。
- Source Pos X：粒子位置 X 坐标。
- Variance：抖动值。
- Particle Texture：粒子纹理。
- Particle Color：粒子颜色。
- Start：初始颜色。
- Finish：最终颜色。
- Start Variance：初始颜色抖动值。
- Finish Variance：最终颜色抖动值。
- Blend Function：混合选项，调节粒子之间互相叠加时的混合算法。

接下来用粒子系统编辑器制作一个彗星飞行的效果，为了更好地说明如何调整粒子效果的众多参数，特意选择了一个最不像彗星飞行的一个效果。在这里选择了预置效果 Spiral，如图 3-8 所示。

单击主界面工具条右方的 Emitter Config 按钮进入参数设置页面，这里我们需要对粒子效果进行配置。背景颜色仍然维持黑色，所以背景参数不必修改。目前，Spiral 的粒子效果呈现的是一个螺旋效果，而我们需要的效果是粒子向一个方向喷射，因此需要设定重力参数。首先，在 X 和 Y 方向都施加重力 Gravity x=570、Gravity y=560（如图 3-9 所示），就可以得到如图 3-10 所示的效果。

第 3 章 常用游戏开发工具的使用方法

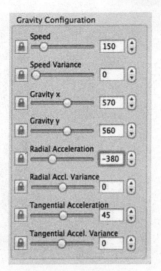

图 3-8 预置效果　　　　图 3-9 设置重力参数　　　　图 3-10 重力显示效果

接着你会发现当前粒子不是笔直喷射出去的而是打了一个弯,有哪个彗星的拖尾是这样子的?显然不是。我们接下来修改初始发射速度,令 Speed = 0,Speed Variance = 200,如图 3-11 所示,就可以得到图 3-12 所示的效果。

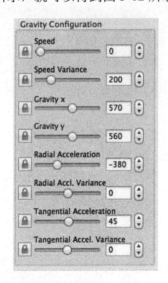

图 3-11 设置发射参数　　　　　　图 3-12 发射显示效果

已经有点像彗星的样子了,但是现在只有彗星的拖尾,彗星呢?通过修改下粒子的初始大小来创造一个彗星,令 Start Size = 100,按图 3-13 设置就可以得到如图 3-14 的效果。

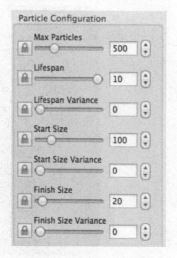
图 3-13 设置粒子大小

图 3-14 粒子显示效果

彗星有了，可是彗星的尾部怎么看不到？把彗星移动到屏幕的左下角，然后设置粒子的生命周期，令 Lifespan = 0.6、Lifespan Variance = 0.6，按图 3-15 所示设置，就可以得到图 3-16 的效果。

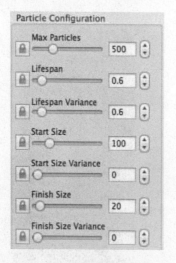
图 3-15 设置生命周期参数

图 3-16 生命周期显示效果

非常顺利，已经有点彗星的样子了，接下去就是调整颜色了，将 Particle Color 的 Start 和 Start Variance 的属性分别调整至如图 3-17 所示，然后将 Finish 和 Finish Variance 分别调整至如图 3-18 所示的设置就可以得到如图 3-19 的效果。

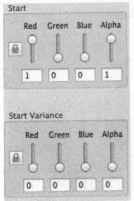  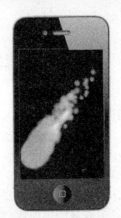

图 3-17　设置起始颜色　　　　图 3-18　设置结束颜色　　　图 3-19　颜色显示效果

最后一步设置彗星的颜色混合使其看起来更加逼真。按图 3-20 所示设置，令 Source = GL_ONE，Destination = GL_ONE，就可以得到如图 3-21 所示的效果。

图 3-20　设置颜色混合

这个彗星是不是看上去非常漂亮？那么怎么把它导入到工程文件当中呢？

图 3-22 显示了 ParticleDesigner 工具，单击 Save As 键后弹出另存为窗口，选择好保存路径后将导出一个 ParticleEmitter 文件（可以理解成 XML 描述文件）和一个用以渲染粒子的纹理图片，这两个文件将被用于在 Cocos2d-x 中创建粒子对象。

 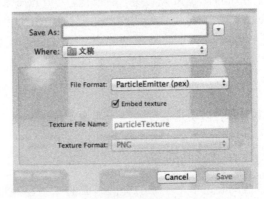

图 3-21　颜色混合显示效果　　　　　图 3-22　导出文件

3.4 Tiled 地图编辑器

还记不记得小时候玩过的超级玛丽、坦克大战？相信这两款游戏大家都玩过吧。仔细观察下，不难发现这些游戏中都有着一些特殊的共同点——地图层上的元素好像是一块块瓦片拼接起来的，并且有大量的重复利用。或许你会有这样的疑问：这些场景都是美术设计师设计的吗？和我们游戏引擎有什么关系，图片拿过来直接用不就好了吗？的确，场景的设计工作交给美术设计师就行了。但是，每一个关卡都用那么大的图片，手机的内存受得了吗？而且如果现在要实现这样的效果：让地图层的某瓦片块被击中时消失。这实现起来可不简单！那这些场景到底是怎么做的呢？Cocos2d-x 支持由瓦片地图编辑器 Tiled Map Editor 制作并保存为 TMX 格式的地图。Tiled Map Editor 是一个开源项目，支持 Windows、Linux 以及 OS X 多个操作系统，我们可以从 http://www.mapeditor.org 中找到这个编辑器的 Java 与 Qt 版本。Tiled Map Editor 最初基于 Java 开发，后来移植到 Qt 之下，我们选用它的 Qt 版本。这个工具支持用可视化的方式将瓦片一块块地贴到地图中。这听起来真让人觉得兴奋！下面简单介绍一下 Tiled Map Editor 编辑器。

在瓷砖地图游戏里，游戏图形由叫做"瓷砖"（tiles）的一小组图片相互排列组成。这些图片被放置在一个网格中，得到的效果就是令人信服的游戏世界。瓷砖地图的概念非常吸引人，因为你可以节省内存而不必使用很多贴图渲染整个世界，同时还可以有很多不同的组合。

本节将会使用最简单的一种瓷砖地图——90°角瓷砖地图（Orthogonal Tilemaps），介绍瓷砖地图的一般概念。它们是用正方形或长方形的瓷砖组成的，通常以从上到下的视角展示游戏世界。例如，Ultima 系列就已经使用瓷砖地图很长时间了。Ultima 1 到 Ultima 5 使用了正方形的瓷砖和从上到下视角，Ultima 6 和 Ultima 7 转换到"半斜 45°角"（semi isometric）视角，但是仍然使用 90°角瓷砖地图。Ultima 8:Pagan 是这一系列中唯一使用"斜 45°角"（isometric）瓷砖地图的游戏，所生成的地图创造出了更加令人身临其境的游戏世界。我们稍后讨论"斜 45°角"瓷砖地图。

本章将解释如何移动瓷砖地图，如何将地图定位在某块指定的瓷砖上。

瓷砖地图的移动是通过触摸瓷砖来实现的，这意味着也会学习如何判断哪块瓷砖已经被触摸了。

1. 瓷砖地图（Tilemap）

瓷砖地图是由多个单独的瓷砖组成的 2D 游戏世界。可以利用几种拥有相同尺寸的图片创造出很大的游戏地图。这意味着瓷砖地图可以为大地图节省很多内存空间，它们出现在早期的计算机游戏中也就不足为奇了。很多经典的角色扮演类游戏使用正方形的瓷砖创造出了不可思议的幻想世界,有些看上去有点像图 3-23 中展示的瓷砖地图。

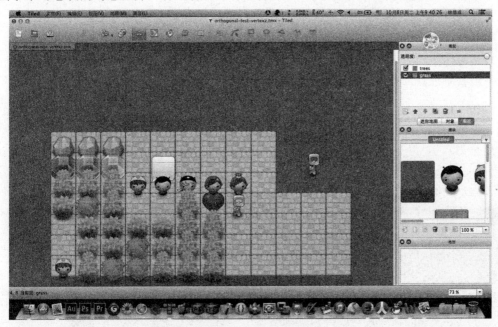

图 3-23　瓷砖地图

通常我们使用编辑器来编辑瓷砖地图。Cocos2d-x 直接支持的编辑器叫做 Tiled(QT)Map Editor。Tiled 是一款免费的开源工具,可以用它编辑 90°角瓷砖地图和斜 45°角瓷砖地图,支持多个层。Tiled 还允许你添加触发区域和物体,也可以为瓷砖添加代码中所需的,用来判断瓷砖类型的属性。

注意:Qt 是指诺基亚的 Qt Framework,Tiled 就是用 Qt 编写的。因为还有一个 Java 版本的 Tiled,所以用 Tiled(Qt)可以和 Java 版本很清楚地分开。Java 版本已经停止更新,不过 Java 版本中有几个额外的功能是目前 Qt 版本中所没有的,所以值得一试。不过在本章和接下去的一章中,将使用 Tiled(Qt)来做演示和讨论。

图 3-23 是在 Tile(Qt)Map Editor 中的 90°角瓷砖地图(Orthogonal Tilemap)。

久而久之,人们开始在瓷砖地图中添加"过渡瓷砖"(Trasition Tiles)。例如,我们不直接在青草瓷砖旁边放置水的瓷砖,而是添加混合瓷砖(在这个例子中就是青草和水的混合瓷砖,青草在一边,水则在另一边,两者之间是一条分隔线),从而在水与草之间生成非常平滑的过渡。如果没有这个功能,你将不得不制作很多瓷砖,然后小心地考虑什么瓷砖可以过渡到其他瓷砖上去。

图 3-23 中的瓷砖地图有许多个很好的过渡瓷砖。沙漠瓷砖集只有 4 种地板瓷砖：沙漠、碎石（在瓷砖地图的下半部分）、砖石（在左上角区域）和泥土（在右上角区域）。对于其中的 3 种瓷砖（除了沙漠），每一种都有 12 个瓷砖可被用于过渡到沙漠瓷砖。

瓷砖不一定是正方形的，也可以用长方形图片生成 90°角瓷砖地图。亚洲的角色扮演类游戏通常使用长方形图片，例如 Dragon Quest4 到 6。在使用 90°角透视的同时，设计师可以使用长方形图片创造出长度比宽度大的物体，由此创造出深度的幻觉。

斜 45°角瓷砖地图（Isometric Tilemaps）则通过将透视旋转 45°以得到更加真实的深度感觉。通过制作 3D 风格的瓷砖，游戏世界获得了更多的视觉深度。虽然所有的瓷砖图片实际上是 2D 的，但是斜 45°角瓷砖地图可以让我们的大脑相信我们是在看 3D 的地图。斜 45°角瓷砖地图的图片是钻石形状的（也就是菱形），同时允许靠近观察者的瓷砖覆盖离开观察者远一些的瓷砖。图 3-24 展示了一个斜 45°角瓷砖地图。

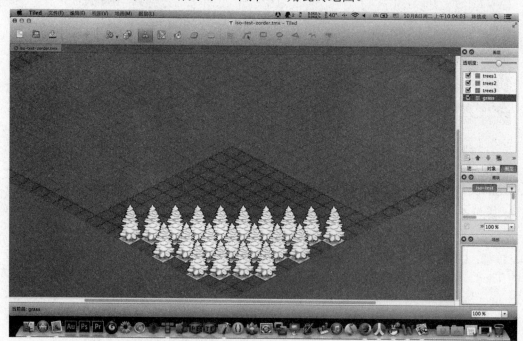

图 3-24　Tiled(Qt) Map Editor 中展示的斜 45 度角瓷砖地图

2. 在 TexturePacker 中准备图片

在 3.4 项目文件夹中的 Resources/individualtile images 文件夹里有几张正方形的瓷砖图片。将这些图片添加到 TexturePacker 中，TexturePacker 将自动排布这些图片。图 3-25 展示了排布的结果。

图 3-25　使用 Zwoptex 生成一张由几个正方形瓷砖图片组成的纹理贴图集

　　TexturePacker 是随机排布这些图片的，而且添加了那么多图片但实际生成的纹理贴图只有 9 张！这个并不是 bug，而是 TexturePacker 做的一项特殊优化。可以试想一下，如果一张纹理贴图中包含大量的重复贴图，加载这张纹理贴图时会造成巨大的浪费！而 TexturePacker 非常智能地将重复的图片用一张图片代替。而且在这张包含重复图片的左上方添加了一个小标记，便于使用者区别，如图 3-26 所示。

图 3-26　纹理贴图集

到目前为止，你只能使用这些随机排布的图片。不过，当你在画布上添加或者删除图片，再单击 Apply 按钮后，之前的图片排列次序就不能保证了。TexturePacker 会再次随机排布图片的位置。不过，如果是在 CCSpriteBatchNode 中通过引用图片名称来使用这些图片，上述随机排列并不会给你带来任何麻烦。

但是，对于 Tiled MapEditor 来说，瓷砖图片保持在相同的位置是很重要的，因为编辑器是通过图片位置和相关的位移来引用各个瓷砖的。这意味着如果贴图集里的瓷砖改变了位置，编辑器中的瓷砖地图将会看上去和之前的完全不一样。因为编辑器还在引用之前的瓷砖位置信息，但是之前是草地的地方现在可能已经成了水的瓷砖。

为了解决上述问题，可以使用一些空白的瓷砖图片填充一定尺寸的纹理贴图集。空白图片的数量至少要和需要的瓷砖图片数量相同，或者更多一些。使用空白图片的目的是创造可以手动描绘瓷砖的空间。在 TexturePacker 中导入所有的空白图片，用于生成一个空白瓷砖平均分布的纹理贴图集。然后关闭 TexturePacker，不再需要它了，因为你可以把得到的纹理贴图集在任何图片编辑器中打开，手动地将需要的瓷砖图片填充到非透明的空白区域。TexturePacker 在这里的作用是帮助一开始的瓷砖排布。

如果你会画画，也可以考虑直接在图片编辑软件中制作瓷砖地图。需要注意的是要把图片的背景设置为透明。这样当瓷砖显示在游戏里时，可以避免瓷砖边缘产生明显的毛边。还有，所有的瓷砖都要相同的尺寸，而且瓷砖之间的空间必须保持一致。

将空白瓷砖图片导入 TexturePacker，可以让它自动排布图片。

3．Tiled Map Editor（瓷砖地图编辑器）

最出名的用于生成 Cocos2d-x 中可用的瓷砖地图的编辑器叫做 Tiled Map Editor（在此简称它为 Tiled）。Cocos2d-x 游戏引擎原生支持 Tiled 生成的 TMX 文件。Tiled 是免费的，在撰写本书时，它的最新版本是 0.9.0。可以通过以下网址下载：http://www.mapeditor.org。

4．生成一个新的瓷砖地图

在 Tiled 安装完成后，打开 Tiled，单击菜单栏的 View 菜单，然后单击 Tilesets 和 Layers 两项。你会看到软件界面的右边出现两块新的区域，一块在右边上半部分——显示层（Layers），另一块在右边下半部分——显示当前的瓷砖集（Tilesets）。瓷砖集其实就是一张包含多个瓷砖的图片，每个瓷砖之间的间隔相同，也可以将其理解成一张仅包含相同尺寸图片的纹理贴图集。接着，从菜单栏选择"文件"→"新文件"，会得到如图 3-27 所示的新地图生成对话框。

第 3 章 常用游戏开发工具的使用方法

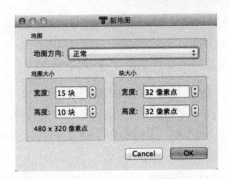

图 3-27 Tiled Map Editor 编辑器对话框

在地图方向部分，可以选择"正常"、"45°"或者"45°交错"，在这里我们选择"正常"即可。

地图的尺寸是由瓷砖的数量来决定的，而不是像素。在我们的例子中，新地图的大小是 15×10 块瓷砖，每块瓷砖的大小是 32×32 像素。单个瓷砖的大小必须与单个瓷砖图片的大小相同，否则会导致瓷砖和图片大小不能完全匹配。

新生成的地图是空的，也没有任何瓷砖集加载进来以供我们使用。可以通过单击菜单栏的"地图"→"新图块"来添加需要的瓷砖集。单击新图块以后，会得到如图 3-28 所示的新图块对话框，可以在这里选择本地机器上的瓷砖集。

图 3-28 新图块

笔者在这里使用的瓷砖集是 tmw_desert_spacing.png。这些瓷砖图片来自 Cocos2d-x 官方示例代码。

图 3-28 中，用对话框中的浏览按钮在 3.4 项目的 Resources 文件夹中找到了 tmw_desert_spacing.png 瓷砖集图片。如果勾选"设置透明度"复选框，图片上的透明区域将被替换成粉色（默认颜色）。这里没有勾选这个复选框，因为我们使用的图片中没有透明区域。

我们使用的瓷砖尺寸是 32×32 像素，这和瓷砖集图片中单个瓷砖的大小相同。Margin 选项用于设置所有瓷砖离开整个大图边缘的距离，而 Spacing 则用于设置瓷砖之间的间隔距离。因为 dg_grounds32.png 中的单个瓷砖和我们使用的瓷砖大小相同，所有将 Margin 和 Spacing 都设为 0。

接下来设置地图的大小。记住，这个大小是瓷砖块数量，而不是以像素为单位。我们将创建一个尽量小的地图，因此选择 15×10。

最后指定每个 tile 的宽度和高度。这里选择的宽度和高度要根据实际的 tile 图片的尺寸来做。本书使用的样例 tile 的尺寸是 32×32，所以在上面的选项中选择 32×32。

接下来，我们把制作地图所需要的 tile 集合导入进来。单击菜单栏上面的"地图"→"新图块"，然后会出现如图 3-28 所示的窗口。

为了获得图片，单击浏览按钮，然后定位到 TileTest 项目文件夹，将 tmw_desert_spacing.png 文件加到工程中去，然后把图块名重新命名。同时，设置下面的 Tile spacing 和 Margin 都为 1。

可以保留宽度和高度为 32×32，因为 tile 的实际大小也是这么大。至于 margin 和 spacing，笔者还没找到任何好的文档解释如何设置这两个值，下面是笔者的个人看法：

- Margin 就是当前的 tile 计算自身的像素时，它需要减去多少个像素（宽度和高度都包含在内，类比 word、css 的 margin）。
- Spacing 就是相邻两个 tile 之间的间隔（同时考虑宽度和高度，类比 word、css 的 spacing）。

如果查看 tmw_desert_spacing.png，将会看见每一个 tile 都有一个像素的空白边界围绕着，这意味着我们需要把 margin 和 spacing 设置为 1。

如果使用 TexturePacker 生成瓷砖集图片，则必须将 TexturePacker 中的 pixel-padding 值填进 Margin 和 Spacing 这两个输入框中。在默认情况下，Zwoptex 使用的 padding（填充）值是 2 个像素。

当导入新的瓷砖集图片时，请确保将此图片导入项目的资源文件夹。之后，当导出 TMX 格式的瓷砖地图时，要把这个 TMX 文件放到与瓷砖集图片相同的文件夹中。否则 Cocos2d-x 会因为找不到 TMX 引用的瓷砖集图片而抛出程序运行异常。TMX 文件只能引用同一文件夹下的瓷砖集图片。如果 TMX 文件和需要用到的瓷砖集图片在不同的文件夹中，当应用程序安装到模拟器或者真实设备上后，本来的文件夹结构就会发生变化，导致瓷砖集图片引用失败。

技巧：TMX 文件实际上就是一个 XML 文件。如果觉得好奇，可以打开 TMX 文件查看。如果看到里面的图片引用包含文件夹路径，Cocos2d-x 很可能会找不到相关的图片。图片引用的地方不应该包含任何路径，应该只有一个图片文件名，例如<image source= "tiles.png" />。

一旦选择"OK"，将会看到 Tilesets 窗口中显示了一些 tiles。现在，可以制作地图了！单击工具栏上的"Stamp"按钮。单击 Tile palette 中的 tile map，然后选择一个 tile，然后再在地图上的任意位置单击，就会看到你选中的 tile 出现在点中的地方了。

图 3-29 所示的就是 Tiled Map Editor 的主界面，打开一个新的文件后，就可以利用右下方的纹理瓦片来绘制地图了。从文件导入的纹理图会出现在右下角的视图内，选中某个纹理块，在左边的图层内单击就可以布置画面。软件右上角的视图显示了当前的图层信息。

图 3-29　主界面

TileMap 中的层级关系和 Cocos2d-x 中的是类似的，地图可以包含多个不同的图层，每个图层内都放置瓦片，同层内的瓦片平铺排列，而高一层的瓦片可以遮盖低一层的瓦片。与 Cocos2d-x 不同的是，TileMap 的坐标系的原点位于左上角，以一个瓦片为单位，换句话说，左上角第一块瓦片的坐标为（0，0），而紧挨着它的右边的瓦片坐标就是（1，0）。

TileMap 中的每一个瓦片拥有一个唯一的编号 GID，用于在地图中查找某个瓦片。Cocos2d-x 提供了一系列方法，可以从瓦片地图坐标获取对应瓦片的 GID，同时还可以利用这些方法来判断某个坐标下是否存在瓦片。稍后我们会看到瓦片地图 GID 的应用。

5．一些方便的快捷方式和快捷键

- Commond + 鼠标滚轮：缩放地图；
- Commond + –/+：缩放地图；
- Commond + 0：恢复到原始地图大小。

以下这些快捷键仅在图像层被激活后才能使用：

- B——激活图章刷工具（单个瓷砖块填充）；
- F——激活填充工具（批量瓷砖块填充）；
- E——激活删除工具；
- R——激活矩形框选取工具。

以下这些快捷键仅在对象层被激活后才能使用：

- S——激活选择对象块工具；
- E——激活编辑对象块工具；
- R——激活插入矩形对象块工具；
- C——激活插入圆形对象块工具；
- P——激活插入多边形对象块工具；
- L——激活插入折线对象块工具；
- T——激活插入图块（瓷砖块）工具。

以下这些快捷键仅在图章刷模式下才能使用：

- Shift + 鼠标单击拖动：线形填充，在两个瓷砖块之间自动填充；
- Ctrl + Shift +鼠标单击拖动：圆形填充，以鼠标移动距离为半径以圆环形式自动填充；
- X：瓷砖块水平翻转；

- Y：瓷砖块垂直翻转；
- Z：顺时针旋转；
- Shift + Z：逆时针旋转。

通常你会花很多时间使用图章刷来选择不同的瓷砖，一块块地放在地图上，完成基于瓷砖的游戏世界。

也可以通过多个层来编辑瓷砖地图。可以在右上方的图层区域添加删除多个层。从顶部菜单选择"图层"→"添加图层"可以生成一个新的瓷砖层。使用多个层的好处是可以在 Cocos2d-x 中将地图中的某个区域替换掉。

可以通过"图层"→"添加对象"层生成用于添加对象的层。Tiled 中的对象只是简单的灰色透明小格子而已，可以在里面进行绘画操作，之后则可以在代码中进行获取。你可以使用对象层触发某些事件。比如，当玩家角色进入一个区域时，系统会自动生成一些怪物。

Tiled 的一些功能是隐藏在上下文菜单里的。例如，对于上述物体层中的长方形物体，可以在物体区域内单击鼠标右键，在弹出菜单中选择"Remove Object"进行移除。必须将 Layer 视图中的物体层选中后，才能显示鼠标右键的上下文菜单。

也可以通过鼠标右键单击物体层和瓷砖，在弹出菜单中选择它们的属性菜单以编辑属性。修改属性的一个用处是通过选择"图层"→"添加图层"，可以生成一个瓷砖层。这个层将在游戏中被用于判断瓷砖的某些属性。

注意：每一个瓷砖层都会带来额外的系统开销。如果把瓷砖放在多个层中的相同位置，带来的开销就更大了。因为每个层都会被渲染，从而影响游戏运行性能，建议层的数量越少越好。对大多数游戏而言，2 到 4 个瓷砖层已经足够了。在添加了新层和设置完层中的瓷砖以后，要确保在真实设备上做测试，看一下游戏的帧率是否正常。

可以在 Tileset 拾取器中拖出一个方框，一次选取多个 tile。可以使用工具栏上的 paint 按钮来基于一个基准 tile 绘制整个地图。

可以使用"视图\缩小"和"视图\放大"来放大和缩小地图。

好了，让我们把地图加载到游戏中去吧！

6．把 tile 地图添加到 Cocos2d-x 的场景中

首先，用鼠标右键单击 Resources，选择"Add\Existing Files…"，然后添加 TileMap.tmx 文件。

代码清单 3-2 展示的是 HelloWorldScene.cpp 的 init 方法。

代码清单 3-2　init 方法

```
bool HelloWorld::init()
{
    if ( !CCLayer::init() )
    {
        return false;
    }
    CCTMXTiledMap *tilemap = CCTMXTiledMap::create("TileMap.tmx");
    tilemap->setAnchorPoint(ccp(0.5, 0.5));
    tilemap->setPosition(ccp(240, 160));
    this->addChild(tilemap);
    return true;
}
```

这里调用 CCTMXTiledMap 类的一些方法，把刚刚创建的地图文件加载了进去。

CCTMXTiledMap 是一个 CCNode，可以设置它的位置和比例等。这个地图的"孩子"是一些层，而且提供了一个帮助函数可以通过层的名字得到层的对象——上面就是通过这种方面获得地图背景的。每一个层都是一个 CCSpriteSheet 的子类，这里考虑了性能的原因，但是这也意味着每一个层只能有一个 tile 集。

因此，我们这里做的所有这些，就是指向一个 tile 地图，然后保存背景层的引用，并且把 tile 地图加到 HelloWorld 层中。

编译并运行工程，你将会看到地图已经出现在模拟器中。运行效果如图 3-30 所示。

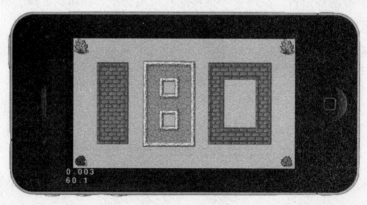

图 3-30　运行效果

3.5 PhysicsEditor 物理编辑器

用 Box2D 物理引擎创建游戏元素时，我们发现在默认情况下 Box2D 的刚体都是一个矩形，但很多时候我们需要不规则的刚体，如一棵树、崎岖的路面等。这时我们需要自定义刚体的形状，但自己写代码似乎又有点麻烦，由于用代码来定义碰撞多边形是不切实际的，因此下面介绍另一个非常有用的工具——PhysicsEditor。依靠这个工具，只需画出一个个顶点就可以创建碰撞多边形。更快的做法是单击一次鼠标，让 PhysicsEditor 跟踪形状的轮廓。PhysicsEditor 可以帮我们很好地偷懒一番。

PhysicsEditor 是个很棒的工具，通过它的可视化编辑界面，点一点、拉一拉就可以轻松创建任意的多边形刚体模型，并将这个模型数据导出成我们所需的格式，如 AS3 类。PhysicsEditor 支持 Box2D、Cocos2d、Nape 等多种 2D 物理引擎。

它也是个收费软件，不过也提供免费试用，试用的话对多边形的数量有限制（10 个），据说有技术博客开发者可以申请免费许可（http://www.codeandweb.com/request-free-license）。

在介绍 PhysicsEditor 之前先介绍下 Box2D 和 Chipmunk，物理引擎中定义碰撞多边形时，需要遵循以下两条原则：

- 逆时针定义各个顶点；
- 多边形必须是凸多边形。

凸多边形是指图形上任意两点的连线都在图形内部。这和凹多边形正好相反，凹多边形中两点的连线可以不完全包含在图形内部。图 3-31 可以帮助读者理解凸多边形和凹多边形的区别。

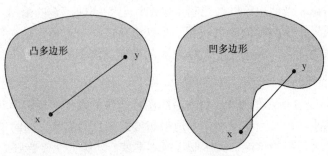

图 3-31　凸多边形和凹多边形

可以在心中画一下，就能明白如何按逆时针方向定义凸多边形的顶点。首先在任意位置放置一个顶点，然后在它的左边放置另一个顶点，接着是下面，最后再回到右面。这样就用逆时针方式绘制了一个长方形。或者也可以先放置一个顶点，然后在右边、上面、左边绘制其他3个顶点，这样就绘制出一个以逆时针方式定义的图形。在哪里绘制第一个顶点并不重要，重要的是顶点要沿逆时针方向绘制。

好消息是，在使用PhysicsEditor时，你不需要关心多边形的顶点顺序（方向），或者多边形是凸多边形还是凹多边形，PhysicsEditor会自动处理这些问题。它把凹多边形分割为一个或更多个凸多边形。然后，PhysicsEditor自带的物理对象加载器会把所有图形分配给单个Box2D刚体。应该尽力避免分割图形，以使每个刚体的碰撞形状最少，从而获得最佳的性能。

知道了如何定义碰撞多边形，现在是时候来学习使用PhysicsEditor（以下简写为PE）工具了。该工具可从www.physicseditor.de上下载。下载完成后，打开PhysicsEditor磁盘镜像，并把PhysicsEditor.app拖动到应用程序的文件夹中，就可以运行PhysicsEditor了。在Physics Editor磁盘镜像中，可以找到一个名为Loaders的文件夹，其中包含了由PhysicsEditor创建的Box2D和Chipmunk plist文件的加载器代码（图形缓存）。本章的示例代码中将使用GB2ShapeCache类来加载PhysicsEditor创建的图形。

安装好后，开启PhysicsEditor，看到的初始界面如图3-32所示。

单击标记1的按钮，任意选择一张图片，尽量使用抠掉背景色后存储为.png或.gif图片，因为这两种格式都支持透明像素，PE可以自动忽略透明像素。

图片添加成功后，会出现在标记2的位置，单击标记3所示的按钮，可以删除已经添加了的图像。

添加完图片后，我们可以单击标记4的按钮，让PE自动帮忙捕获图片的边缘，自动生成多边形顶点信息。当然也可以自己动手单击标记5或标记6的按钮，添加多边形或圆形组合成想要的效果。单击标记5的按钮，默认会生成一个三角形，在任意两个顶点之间双击，可以添加新的顶点。相比之下，标记4的按钮就简单多了，单击该按钮后会出现如图3-33所示的界面。

图3-33中的标记8所示的是PE自动追踪图片边缘的效果。标记9可以设置顶点之间的距离，这个值越小，顶点间距越小，多边形越接近图片的形状，同时消耗CPU也越多，所以不必过度要求多边形的精度，大体形状差不多就行。标记9设置好后，PE会自动计算出顶点的个数，并显示在标记10处。

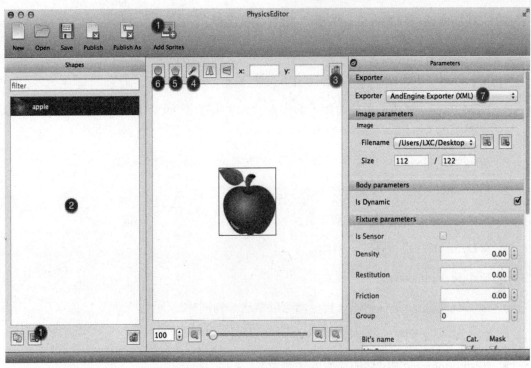

图 3-32　PhysicsEditor 初始界面

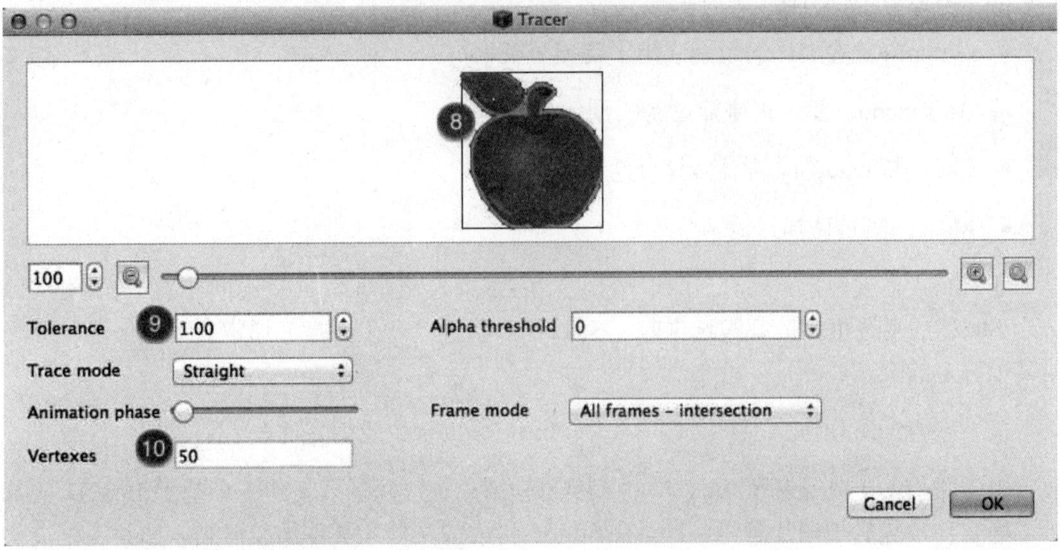

图 3-33　捕获图片的边缘

图 3-33 的对话框设置好后，单击"OK"按钮保存。

接下来再看看右边信息栏里的内容：

- Exporter：根据不同引擎，选择输出文件格式。
- PTM-Ratio：该值的单位为每米的像素数，意味着多少个像素等于 Box2D 物理模拟世界中的 1 m。
- Image parameters：用于管理查看导入文件对应的图片路径和大小。
- Filename：当前导入文件的文件路径。
- Size：当前导入文件的像素大小。
- Is Dynamic：是否是动态刚体。
- Fixture parameters：夹具属性。
- isSensor：是否是传感器（传感器可以穿透一切刚体）。
- Density：设置刚体的密度。
- Restitution：设置刚体的还原度（弹力）。
- Friction：设置刚体摩擦力。
- Group：设置刚体的组别（用于碰撞分类）。
- Bit's name：要设置碰撞过滤的刚体名。
- Cat.：指 category 刚体碰撞分组。
- Mask：刚体碰撞过滤。

还有一点需要注意：只有当两个形状的类别位（标记为 Cat 的复选框列）和掩码位（标记为 Mask 的复选框列）都被选中时，Box2D 形状才会发生碰撞。通常会把每个形状分配给某个特定的类别。

接下来看一下如何在项目文件中使用 PhysicsEditor 生成的文件。

因为我们的工具是基于 Box2D 物理引擎使用的，所以需要新建一个基于 Box2D 的基础工程文件，然后把图片资源、PhysicsEditor 生成的文件和文件加载器类添加到工程文件中，如图 3-34 所示。

第 3 章 常用游戏开发工具的使用方法

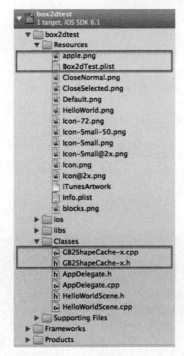

图 3-34　目录结构

接下来在 HelloWorldScene 中修改代码，见代码清单 3-3。

代码清单 3-3　加载碰撞多边形配置文件

```
//第一步：将加载器类添加到 HelloWorldScene 中
#include "HelloWorldScene.h"
#include "SimpleAudioEngine.h"
#include "GB2ShapeCache-x.h"
//第二步：在 HelloWorld 构造函数中加载对应 Plist 配置文件
GB2ShapeCache::sharedGB2ShapeCache()->addShapesWithFile("shapedefs.plist");
//第三步：修改 addNewSpriteWithCoords 中的代码
void HelloWorld::addNewSpriteAtPosition(CCPoint p)
{
    string name = "apple";
    CCSprite *sprite = CCSprite::create((name+".png").c_str());
        sprite->setPosition(p);

        addChild(sprite);

        b2BodyDef bodyDef;
```

73

```
        bodyDef.type = b2_dynamicBody;

        bodyDef.position.Set(p.x/PTM_RATIO,   p.y/PTM_RATIO);
        bodyDef.userData = sprite;
        b2Body *body = world->CreateBody(&bodyDef);

        // add the fixture definitions to the body
         GB2ShapeCache *sc = GB2ShapeCache::sharedGB2ShapeCache();
         sc->addFixturesToBody(body,   name);
         sprite->setAnchorPoint(sc->anchorPointForShape(name));
    }
```

运行效果如图 3-35 所示。

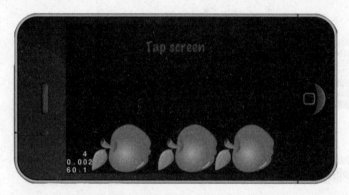

图 3-35　运行效果

3.6　CocosBuilder 场景编辑器

Cocos2d-x 一直缺乏一个好用的可视化编辑工具，使用 Cocos2d-x 的开发人员只能自己动手写代码来编辑场景，或者自己开发场景编辑器。

在 CocosBuilder 之前，通过 Cocos2d-x 为游戏创建基本的游戏界面确实很痛苦。当添加一个新的菜单或按钮到游戏时，通常这样来做：

- 做个猜测："我认为这个按钮的大小是 50×50"；
- 编译运行："看来有点不太正确"；
- 猜测调整："60×50 或许更好"；

- 整理重复："还是不对"。

但现在可以使用 CocosBuilder 工具来减轻可视化工作，现在我们需要建立游戏相应的 CocosBuilder 工程。打开 CocosBuilder，选择"File"→"New Project"，将工程命名为 CCBPro。创建完成之后然后将后缀名为 .ccbproj 的 CocosBuilder 工程文件放到 Xcode 工程里的 Resources 同级目录中，如图 3-36 所示。

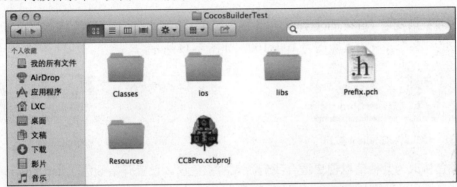

图 3-36　工程目录

1. 创建基本场景

我们将开始制作 CCBPro 所有的界面文件，然后将界面链接到相应的代码中。首先，用 CocosBulider 创建一个场景。

在 CocosBuilder 打开的 CCBPro 工程中选择"File"→"New"→"Interface File"。让主界面只支持 iPhone，所以在 Resolutions Settings（方案设置）中勾选"iPhone Portrait"，并确保 Root Object Type（根对象类型）为 CCLayer 并勾选 Full screen（全屏），如图 3-37 所示。

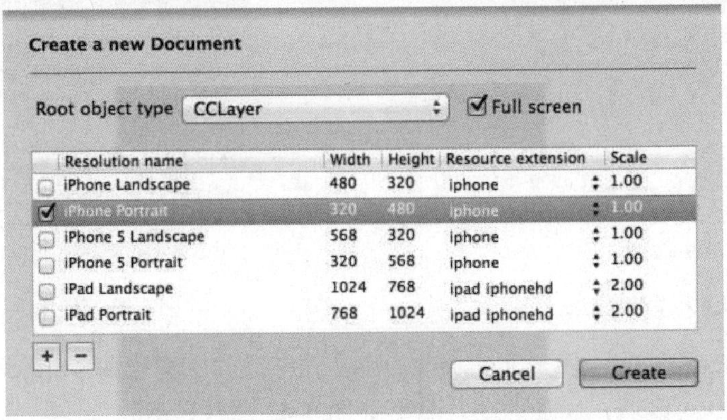

图 3-37　创建一个主菜单

单击"Creat"(创建),然后将场景命名为"MainMenuScene"并且保存到 Resources 文件夹。一个新的空文件 MainMenuScene.ccb 将在 CocosBuilder 中开启。

主界面会包含一个渐变的背景,一个 Logo,一个开始游戏的按钮和几片云彩的动画。首先,让我们开始加入渐变的背景。在窗口顶部的工具栏单击 CCLayerGradient 按钮,如图 3-38 所示。

我们希望渐变层(gradient layer)充满整个屏幕。选择这个层,设置填充(content size)大小单位为"%"并且设置宽高为 100×100,如图 3-39 所示。

图 3-38　CCLayerGradient 按钮

图 3-39　content size

把颜色修改为其他值以便更适合我们游戏的主色调。设置开始颜色(start color)和完成颜色(end color)的 RGB 值,如图 3-40 和图 3-41 如示。

图 3-40　起始颜色

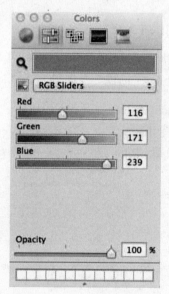

图 3-41　结束颜色

继续添加 Logo 到主界面(menu scene)中。在左边的工程视图(project view)中,拖动 logo.png 到 canvas 区域,添加的图片就会如图 3-42 那样显示。

第 3 章 常用游戏开发工具的使用方法

图 3-42 显示效果

现在场景已经配置完成！接下来就是导出文件了，单击菜单中的"File"→"Publish"即可，接下来到 XCode 项目文件中看看发生了些什么变化。Publish 之后的项目文件如图 3-43 所示，会发现 CocosBuilder 为我们生成了 2 个文件夹，分别是 Published-HTML5 和 Published-iOS，其中程序加载所需的.ccbi 文件就在其中。

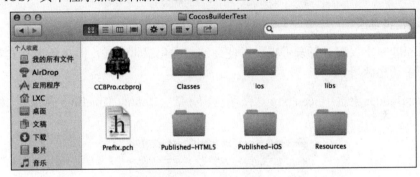

图 3-43 导出文件

接下来将 Published-iOS 文件夹下的 MainMenuScene.ccbi 文件导入到 XCode 项目文件中。在 AppDelegate 类中导入 "CCBReader.h"、"CCNodeLoaderLibrary.h" 这两个头文件，同时引用命名空间 using namespace cocos2d::extension，最后将代码清单 3-4 的代码放进 AppDelegate 中，代码清单 3-4 展示的是以 CocosBuilder 方式加载场景。

代码清单 3-4 加载场景

```
CCBReader* pReader = new CCBReader( CCNodeLoaderLibrary::sharedCCNodeLoaderLibrary() );
pReader->autorelease();
pDirector->runWithScene( pReader->createSceneWithNodeGraphFromFile(
                                              "MainMenuScene.ccbi" ) );
```

运行效果如图 3-44 所示。

图 3-44　运行效果

2．创建精灵动画

CocosBuilder 不仅仅为开发者提供了便捷的可视化编辑方式，而且还为开发者提供了可视化的简单动画编辑。

在 CocosBuilder 中选中 icon.png 这张图片，或者在 Default TimeLine 中选取，如图 3-45 所示。

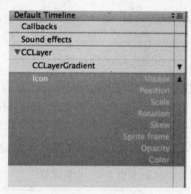

图 3-45　动画编辑

有没有看到对应的精灵旁边有个三角标志？单击它展开列表会看到有 Visible、Postion、Scale 等这些常见动画。

要开始使用 CocosBuilder 创建动画需要知道几个快捷键：

- Visible：V；
- Postion：P；
- Scale：S；
- Rotation：R；
- Sprite Frame：F；
- Opacity：O；
- Color：C。

现在可以尝试着从键盘上一一按下这些快捷键看下效果，应该不难看出在按下这些快捷键的同时 CocosBuilder 中的 Timeline 会有一个白色节点显示，如图 3-46 所示，这个就是我们动画的关键帧。

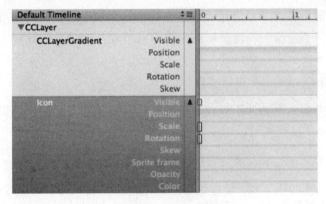

图 3-46　关键帧

双击该节点可以对该属性的参数进行修改，如图 3-47 所示。

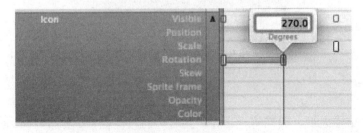

图 3-47　修改参数

修改好属性之后可以尝试着单击播放按钮看下效果,此时会发现动画并没有产生,这是由于我们只设置了关键帧的参数还没有创建过渡动画的原因。有没有注意到 TimeLine 上有一条如图 3-48 所示蓝色的时间轴选取线?

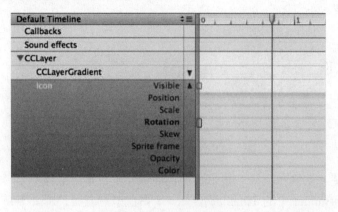

图 3-48　时间轴选取线

这条线就是关键所在,节点会跟着这条线的位置而被创建,而我们需要做的只是创建一个起始或者终止节点,然后将这条时间轴选取线拖动到你想要的时间片位置后按下对应的快捷键,过渡动画就会被自动创建。接下来别忘了导出然后再次运行看下效果。

3．触发事件与 Cocos2d-x 进行交互

CocosBuilder 的强大之处并不仅仅在于可以用可视化的方式创建场景,以及为精灵添加动画,CocosBuilder 甚至还可以调用方法。

首先我们要对 CocosBuilder 所创建的工程做如下修改。

(1) 选取整个工程的主节点,现在这个工程(如图 3-49 所示)的主节点就是 CCLayer。

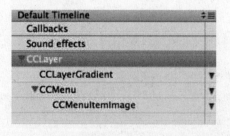

图 3-49　主节点

(2) 选取主节点之后,我们将目光转移到右边的属性栏中。修改 Code Connections 分栏中的 Custom class 字段为 HelloWorld。

（3）单击编辑器上方的 Menu 按钮，放入一个 CCMenu 层。由于 CCMenu 只是一系列 CCMenuItem 的容器，不能单独使用，所以接下来要给 CCMenu 添加 MenuItem，单击右边的 CCMenuItemImage，将 CCMenuItem 放入对应的 CCMenu 容器中，接下来在编辑器中会显示一个不包含任何图片的 CCMenu，如图 3-50 所示。

接下来选中这个 CCMenu，在右边属性栏中找到 CCMenuItemImage 分栏，给 CCMenu 不同的状态添加不同的图片。

（4）最后一步就是绑定调用方法的名称了。选中需要触发方法的 CCMenu 组件，在右边的属性栏中找到 CCMenuItem 分栏，将 Selector 的字段修改为 MenuClick（注意，这里的调用方法和程序中的方法名没有任何关系，只是起到一个标示符作用，所以这里可以随意填写）然后将 Target 的字段修改为 Document root，修改好之后的属性值如图 3-51 所示。

图 3-50　CCMenu

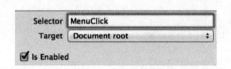

图 3-51　修改后的属性值

（5）CocosBuilder 编辑器的部分已经修改完成，别忘了导出。

打开 XCode 工程，将 ccbi 文件导入到工程中，然后对程序部分的修改如下所示。

对 HelloWorldScene.h 的修改见代码清单 3-5。

代码清单 3-5　HelloWorldScene.h

```
#include <iostream>
#include "cocos2d.h"
#include "cocos-ext.h"
using namespace cocos2d;
using namespace cocos2d::extension;
class HelloWorld:
public CCLayer
, public CCBSelectorResolver //解析选择器接口
, public CCBMemberVariableAssigner //分配成员变量接口
, public CCNodeLoaderListener //监听加载节点接口
{
```

```cpp
public:
    CCB_STATIC_NEW_AUTORELEASE_OBJECT_WITH_INIT_METHOD(HelloWorld, create);
    void onNodeLoaded(CCNode * pNode,    CCNodeLoader * pNodeLoader);
    virtual SEL_MenuHandler onResolveCCBCCMenuItemSelector(CCObject*pTarget, const char* pSelectorName);
    virtual bool onAssignCCBMemberVariable(CCObject* pTarget,    const char* pMemberVariableName,    CCNode* pNode);
    virtual SEL_CCControlHandler onResolveCCBCCControlSelector(CCObject * pTarget,    const char* pSelectorName);
    static cocos2d::CCScene * scene();
    void onMenuItemTest(CCObject *sender);

    HelloWorld();
    virtual ~HelloWorld();

};

class CCBReader;

class HelloWorldLoader : public cocos2d::extension::CCLayerLoader{
public:
    CCB_STATIC_NEW_AUTORELEASE_OBJECT_METHOD(HelloWorldLoader,    loader);
protected:
    CCB_VIRTUAL_NEW_AUTORELEASE_CREATECCNODE_METHOD(HelloWorld);
};
```

注意：上述代码中用斜体标示的方法必须一个不少地写入，不然 XCode 就会报出类似"Allocating an object of abstract class type 'HelloWorld'"这样的错误。

对 HelloWorldScene.cpp 的修改如代码清单 3-6 所示。

代码清单 3-6   HelloWorldScene.cpp

```cpp
HelloWorld::HelloWorld()
{
}

HelloWorld::~HelloWorld()
{
```

}

void HelloWorld::onNodeLoaded(CCNode * pNode, CCNodeLoader * pNodeLoader)
{
    //节点加载时的回调函数
}

SEL_MenuHandler HelloWorld::onResolveCCBCCMenuItemSelector(CCObject*pTarget, const char* pSelectorName)
{
    //将 CocosBuilder 中 CCMenu 的 Selecter 名与当前工程中的方法名进行绑定
    CCB_SELECTORRESOLVER_CCMENUITEM_GLUE(this,"MenuClick",HelloWorld::on MenuItem Test);
    return NULL;
}

bool HelloWorld::onAssignCCBMemberVariable(CCObject* pTarget, const char* pMemberVariableName, CCNode* pNode)
{
    //将 CocosBuilder 中的变量名与当前工程中的变量名进行绑定
    return true;
}

SEL_CCControlHandler HelloWorld::onResolveCCBCCControlSelector(CCObject * pTarget, const char* pSelectorName)
{
    //将 CocosBuilder 中 CCControl 的 Selector 名与当前工程中的方法进行绑定
    return NULL;
}

void HelloWorld::onMenuItemTest(CCObject *sender)
{
    CCLog("事件触发");
}
```

最后对 AppDelegate 做如下修改，如代码清单 3-7 所示。

**代码清单 3-7  applicationDidFinishLaunching**

```
bool AppDelegate::applicationDidFinishLaunching()
{
    // initialize director
```
```

```
CCDirector *pDirector = CCDirector::sharedDirector();
pDirector->setOpenGLView(CCEGLView::sharedOpenGLView());

// turn on display FPS
pDirector->setDisplayStats(true);

// set FPS. the default value is 1.0/60 if you don't call this
pDirector->setAnimationInterval(1.0 / 60);

cocos2d::extension::CCNodeLoaderLibrary * ccNodeLoaderLibrary = CCNodeLoaderLibrary::sharedCCNodeLoaderLibrary();
ccNodeLoaderLibrary->registerCCNodeLoader("HelloWorld", HelloWorldLoader::loader());
cocos2d::extension::CCBReader * ccbReader = new cocos2d::extension::CCBReader(ccNodeLoaderLibrary);

pDirector->runWithScene( ccbReader->createSceneWithNodeGraphFromFile("MainMenuScene.ccbi" ) );

return true;
}
```

注意里面的 HelloWorld 和 HelloWorldLoader 这两个类。HelloWorldLoader 这个类需要继承自 CCLayerLoader，每一个 Document Root 这样的 CCLayer 都需要对应一个单独的 XXX LayerLoader。否则，事件就不能绑定上去，会出现类似"Skipping selector 'playBtnClicked' since no CCBSelectorResolver is present"这样的错误。

现在可以运行工程看下效果了。

3.7 RMagick 批处理图片资源

由于开发游戏避免不了处理图片，处理几张或者几十张这还可以让人接受，如果现在让你或者你的美术设计师处理上百张或者上千张图片，这时估计你和你的美术都要抓狂了。那有没有一个工具是可以批量处理图片资源的呢？答案是有的。这个工具就是 RMagick。

首先先来介绍下这个工具。严格意义来说，这并不是一个工具，而是一个程序库。RMagick

是 Ruby 语言与 ImageMagick 图形处理程序之间的接口，Ruby 程序可以利用 RMagick 对图像进行缩略、剪裁等一系列操作。

RMagick 是一个 Ruby 对 ImageMagick 的完整接口。它的 1.0.0 版在 2003 年发布，其中有 4 个主类和 18 个辅助类，定义了超过 650 个方法和 350 个常量。RMagick 采用 Ruby 的模式开发，比如 Ruby 的模块、迭代方式、类结构、标记、?-和!-后缀方法，还有异常处理。

（1）安装 HomeBrew 包管理器。

打开计算机上的终端，输入以下命令进行安装：ruby –e"\$(curl -fsSL https://raw.github.com/mxcl/homebrew/go)"。

该脚本首先会解释它要做什么，然后暂停操作，直到确认后才会开始安装。安装完之后会提示你用 brew doctor 这条命令检查安装是否有问题。

（2）安装 ImageMagick 图形处理库。

打开终端输入以下命令：brew install imagemagick，回车，然后可以吃点零食，泡杯茶，稍等片刻。

（3）由于安装 RMagick 所需的 Ruby 版本是 1.9.3，而当前系统内置的 Ruby 版本是 1.8.7。所以我们现在要做的事就是升级 Mac OS X 自带的 ruby 库，由于升级 Ruby 需要 GCC 编译器参加编译，但是终端中并没有 GCC 的编译功能，所以先要安装 GCC。

打开 XCode，在"XCode"→"Preferences"→"DownLoads"菜单中下载 Commamd Line Tools。

接下来在终端上输入以下命令安装：

```
curl -L get.rvm.io | bash -s stable
rvm install ruby 1.9.3
```

（4）最后一步就是安装 RMagick 了，打开终端输入以下命令进行安装。

```
gem install rmagick
```

由于国内网络情况较为特殊，导致 rubygems.org 存放在 Amazon S3 上面的资源文件间歇性连接失败。所以你会遇到命令执行了大半天但却没有任何响应的情况，这里提供两种解决方案，第一种：高富帅型，用 VPN 之类的翻墙技术间接连接到国外 Amazon S3 服务器；第二种：实力型，将 gem 的远程搜索资源库定位到国内的服务器，打开终端输入以下命令即可更改默认搜索资源库：

```
$ gem sources --remove https://rubygems.org/
$ gem sources -a http://ruby.taobao.org/
```

然后输入以下命令确认是否只有 ruby.taobao.org 一个网址：

```
gem sources -l
```

检查是否安装完成可以通过 gem list 这条指令查看。

接下来可以先试写一段小程序来体会一下 RMagick 的强大之处，打开文本编辑输入以下代码。

```ruby
require 'RMagick'
include Magick
pic = ImageList.new("original.png")
l = pic.columns > pic.rows ? pic.columns : pic.rows
f = 512.0/l;
thumb = pic.thumbnail(f)
thumb.write("generate.png")
```

然后以 UTF-8 的格式保存为 RubyTest.rb，接下来在该文件的同级目录上存放一张文件名为 original.png 的图像文件。接下来就是运行 Ruby 将对应图片缩小。

在运行 Ruby 文件之前，先介绍两个终端命令 ls、cd：

- ls：当前路径的文件目录；
- cd：转到指定路径。

打开终端输入以下代码定位到之前创建的 Ruby 文件路径（这里的路径以自己的存放路径为准）：

```
cd Desktop
```

然后使用以下代码执行 Ruby 文件：

```
ruby RubyTest.rb
```

然后看一下，是不是在同级目录上生成了一个 generate.png 文件？是不是觉得相当方便？

第 4 章　Cocos2d-x 中的物理引擎

游戏中有很多模拟现实的部分，这些模拟部分可以使玩家的感觉更真实。虽然不是对于所有游戏来说都必须使用物理引擎，但当需要大量的模拟碰撞和自由落体运动时，选择物理引擎无疑会使开发事半功倍。在智能机平台游戏中，包括愤怒的小鸟等游戏都采用了物理引擎进行开发。

Cocos2d-x 支持 Box2D 和 Chipmunk 两种物理引擎。本章就介绍物理引擎的基本概念和 Cocos2d-x 中 Box2D 物理引擎的使用。

4.1　物理引擎的基本概念

在使用物理引擎的游戏中，可以把物理引擎理解为控制整个游戏中精灵移动的逻辑控制模块，通过定义不同节点在物理效果中扮演的角色来控制所有节点的碰撞和移动轨迹。

1. 什么是物理引擎

游戏世界的很多运动规律都是模拟现实的，尽管有些游戏在现实的基础上有所创新，但是更多的时候要给玩家以真实的感觉，模拟现实并给予玩家真实的游戏感觉非常重要：在不使用物理引擎时，可以通过自己的算法来计算物体的运动规律。这种方式不仅降低了开发效率，而且在运行效果上也得到了整体的优化。于是大家把游戏中模拟物理的计算算法都提取总结出来，形成了物理引擎。物理引擎通过为刚性物体赋予真实的物理属性的方式来计算运动、旋转和碰撞反映。

物理引擎使用对象属性（动量、扭矩或者弹性）来模拟刚体行为。好的物理引擎允许有复杂的机械装置，像球形关节、轮子、气缸或者铰链，有些也支持非刚性体的物理属性，比如流体。

尽管物理引擎的功能很强大，但是也有其局限性。在模拟现实世界相关运动效果时，如果完全模拟，会消耗很大的运算量，因此采取一些"捷径"来模拟现实的运行效果，比如，当物体运动的步长（速度）超过它自己本身的效果时，会产生物体互相穿透的效果，所以需要控制物体的移动速度来避免这种穿越现象的发生。

2．物理引擎的作用

物理引擎在很多游戏中都起着很重要的作用，然而，并不是所有游戏都需要物理引擎。当需要模拟的效果和物理现象并不完全一致，或者需要物理模拟的地方并不是很多时，应该选择自己设计的算法来实现响应的效果。那么物理引擎都有什么作用呢？

- 真实的物理世界的模拟：采用牛顿力学为基础模拟出物理效果。这样有两个好处，首先是精灵的运动会更加真实，包括精灵间的相互碰撞、自由落体等，然后就是可以增加操作的随机性，从而提高游戏的游戏性。
- 整体的处理碰撞机制。虽然绝大部分碰撞的逻辑可以完全不依赖物理引擎来自己实现，但是如果一个游戏需要频繁地大量地处理碰撞时，物理引擎绝对是第一选择，因为物理引擎可以系统化处理碰撞，并且能够处理较为复杂的情况。
- 关节与连接的模拟。例如，愤怒的小鸟游戏不仅要处理大量的碰撞，还要处理需要攻击目标建筑物之间的连接效果等。这时用物理引擎来帮助实现效果不仅加快了开发速度，同时系统化的处理还可以提高程序的运行效果。
- 优化的性能：物理引擎对于模拟物理效果的算法进行了优化，这些代码都是经历过很多次推敲的，比个人实现的算法在整体的性能上要高。

4.2 物理引擎的局限性

物理引擎有其自身的局限性，因而不得不做一些简化，因为现实生活中的例子有时太复杂以至于难以模仿。"刚体"就是这样一个例子，在一些极端示例中，物理引擎并不能捕捉到所有的撞击。例如，当一些物体移动非常快时，它们可以相互穿过，这在量子力学中可以被解释。而在现实生活中的物体，实际上是依靠我们的眼睛来分辨各种效果的。

刚体有时可以穿过彼此，尤其是当它们被节点连接、受到束缚时。由于节点束缚两个物体，因此会导致被连接的物体分开时产生一些类似颤抖的效果。

当然，这些理论会在游戏设计时有所体现。你不会知道在不同的的玩家一起控制的情况下，某个刚体会发生什么变化。最终，一些玩家会搞懂游戏中的物理原理，而有些玩家能摸索出游戏与现实的不同，从而完成看似不可能的事——将一些物体移动到一些现实中无法移动到的位置。

4.3 Box2D 物理引擎

Box2D 是用 C++编写的，开发者是 Erin Catto。他从 2005 年开始就在著名的 GDC（Game Developers Conference，游戏开发者会议）上做物理模拟相关的演讲。

2007 年 9 月，他公布了 Box2D 物理引擎。Box2D 以其出色的物理模拟效果和开源的特性得到了开发者的认同。

从那以后，Box2D 引擎的开发就十分活跃，Box2D 的各种实现版本就层出不穷，包括用于 Flash 网页游戏的版本：Box2D 和手机游戏的结缘可以说是从 Box2D 的 Java 版本出现开始的。开发者喜欢在 Android 的游戏开发时集成 Box2D 来帮助开发更炫的游戏效果。自从 Box2D 集成到 Cocos2d 系列引擎以后，Box2D 和手机游戏的联系更加紧密。本节就介绍 Cocos2d-x 中的 Box2D 引擎的使用。

注意：Box2D 物理引擎是用 C++编写的，因此使用时必须使用.mm 作为所有项目实现文件的后缀名，而不是通常使用的.m。这将告诉 Xcode 将所有实现文件的源代码以 Objective-C 或 C++的方式编译处理。如果使用.m 后缀名，Xcode 会将代码以 Objective-C 或 C 的方式编译处理，因此无法处理 Box2D 中的 C++代码，这将导致在使用 Box2D 的代码行时出现编译错误。所以，当发现有大量错误时，应先检查是否所有实现文件都以.mm 作为后缀名。

Box2D 相比于 Chipmunk 的一大优势就是其完善的文档。可以从 http://www.box2d.org/manual.html 上下载 Box2D 的文档。作为一个开源项目，也可以登录 Box2D 的官网下载相关资料或者进行捐款。

1. Box2D 引擎中的重要概念

本部分介绍 Box2D 引擎中的重要概念，这些概念是构成 Box2D 世界的基础。

- 刚体（rigid body）：不会发生形变的物体，其任何两点间的距离是不变的。

- 形状（shape）：依附于物体的二维的形状结构，具有摩擦和恢复的材料属性。
- 约束（constraint）：约束就是限制物体自由的物理连接。在二维世界中，物体有三个自由度，比如把一个物体固定在墙上，它只能绕着固定的点旋转，它失去了两个自由度。
- 接触约束（contact constraint）：自动创建的约束，防止刚体穿透、模拟摩擦和恢复的特殊约束，不需要手动创建。
- 关节（joint）：把两个物体固定在一起的约束，包括旋转、距离和棱柱等。关节可以支持限制和马达。
- 关节马达（joint motor）：一个关节马达依靠自由度来驱动物体，比如使用马达来驱动旋转。
- 关节限制（joint limit）：限制关节的运动范围如同人的胳膊只能在一定范围内运动一样。
- 世界（world）：物体、形状和约束互相作用形成的世界。允许创建多个世界。

2．物理引擎的使用步骤

Box2D 物理引擎的使用步骤如下，同时这也是大多数物理引擎所采用的方式。

（1）创建一个世界，同时设置其参数。

（2）创建刚体地面，定义一个形状，把它绑定在刚体上。

（3）创建世界中的其他刚体和约束等。

（4）在游戏的逻辑循环中加入物理引擎的世界更新函数。

整个过程很清晰，主要目的就是将负责渲染的 Cocos2d-x 引擎部分和负责物理逻辑的 Box2D 部分结合在一起。这也是在其他平台上使用 Box2D 时需要做的事情，其中的创建刚体、约束和关节等是最关键的部分，也是和渲染的 Cocos2d-x 引擎部分结合的关键部分。

4.4 Box2D

在 Cocos2d-x 中使用 Box2D，主要是将 Cocos2d-x 中负责渲染的节点类对象和 Box2D 中负责物理模拟的对象"绑定"在一起，实现逻辑和渲染的模拟。

下面进入 Box2D 的世界，在 Xcode 下新建一个项目，选择 Box2D 项目，就会生成一个与普通 HelloWorld 运行效果不同的项目，运行效果如图 4-1 所示。

第 4 章　Cocos2d-x 中的物理引擎

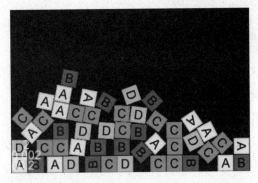

图 4-1　Xcode 下新建 Box2D 项目的运行效果

单击屏幕可以产生新的小物体块，这些小物体块之间有碰撞的关系，也体现了 Box2D 的模拟物理运动的功能。如果不采用 Xcode 进行开发，也可以在 tests 项目的 box2DTest 文件夹中看到同样的代码，运行效果是一样的。

采用 Box2D 引擎的标准项目开始都是新建一个新的世界，这是一个管理内存、对象和模拟的中心。

1．Box2D 眼中的世界

首先定义整个世界的重力系统，包括设置重力大小和方向，方向符合基本坐标轴方向。定义完重力后，便可以以重力为参数定义世界，如代码清单 4-1 所示，出自 tests 项目中的 Box2Dtest 文件夹或者 Xcode 下新建 Box2D 项目的模板工程。

代码清单 4-1　新建世界

```
b2Vec2 gravity;
gravity.Set(0.0f, -10.0f);
world = new b2World(gravity);
```

之后便是设置是否允许世界中的刚体休眠的参数。休眠是物理引擎中的一种技巧，它允许系统模拟时跳过某些不需要处理的刚体。当施加到某一物体上的力小于临界值一段时间后，这个刚体会进入休眠状态。换句话说，某个刚体在一段时间不动后，会自动休眠，不再对它进行计算，这样可以达到提高引擎效率的结果，见代码清单 4-2。

代码清单 4-2　设置是否允许和是否持续的物理模拟

```
world->SetAllowSleeping(true);
world->SetContinuousPhysics(true);
```

创建物理世界，如同创建一个"容器"，其中装载着我们需要物理模拟的对象，这些对象会"填充"到世界中。

91

2. 把移动范围限制在屏幕内

世界建立了，接下来干什么呢？应该限制 Box2D 刚体在可见的屏幕区域内移动。为此，我们需要一个地面盒，将范围限制下来。

地面盒也是一个物体。物体即刚体，也就是物理学中的质点，只有位置，没有大小。它又分为以下几类：

- 静态刚体：没有质量，没有速度，只可以手动来改变它的位置。
- 棱柱刚体：没有质量，但是可以有速度，可以自己更新位置。
- 动态刚体：有质量，也有速度。

物理引擎需要首先定义一个描述类，然后根据描述类通过世界创建某个对象。创建刚体时需要两个步骤：

（1）生成一个刚体定义；

（2）根据刚体定义生成刚体。

在刚体创建时定义中的信息会被复制，也就是说创建完成后刚体只要没被释放掉，就还可以重复使用。

通常在 Box2D 引擎中新建一个物体需要经历如下步骤：

（1）使用位置和阻尼等参数定义物体。

（2）使用世界对象创建物体。

（3）使用几何结构、摩擦和密度等参数定义对象。

（4）调整物体质量和形状相匹配。

定义物体见代码清单 4-3。

代码清单 4-3　定义物体

```
b2BodyDef groundBodyDef;
groundBodyDef.position.Set(0, 0);
```

定义刚体，即定义 b2BodyDef 结构，它作为创建物体的参数将被传入到物体创建中，见代码清单 4-4。

代码清单 4-4　创建物体

```
b2Body* groundBody = world->CreateBody(&groundBodyDef);
```

刚体总是通过 world 的 CreateBody 方法来创建的，这保证了刚体所用的内存是正确申请和释放的。

之后便是定义物体边界，让刚体包围屏幕区域，需要创建一个四边形，见代码清单 4-5。

代码清单 4-5　定义物体边界

```
b2EdgeShape groundBox;
// bottom
groundBox.Set(b2Vec2(0，0)，  b2Vec2(s.width/PTM_RATIO，0));
groundBody->CreateFixture(&groundBox，0);

 // top
groundBox.Set(b2Vec2(0,s.height/PTM_RATIO),b2Vec2(s.width/PTM_RATIO,s.height/PTM_RATIO));
groundBody->CreateFixture(&groundBox，0);

// left
groundBox.Set(b2Vec2(0，s.height/PTM_RATIO)，  b2Vec2(0，0));
groundBody->CreateFixture(&groundBox，0);

// right
groundBox.Set(b2Vec2(s.width/PTM_RATIO，s.height/PTM_RATIO)，
                      2Vec2(s.width/PTM_RATIO，0));
groundBody->CreateFixture(&groundBox，0);
```

先分别定义 4 条边，最后把它定义到物体中。

注意：和物体定义一样，它只是把数据复制到物体中。这个形状的定义可以重新被使用，定义的形状和物体必须绑定在一起，形状才有意义，也就是说形状是依附于物体存在的。

3．转换点

另外，定义这个包围盒也有助于把"世界"内所有物体的移动范围控制在屏幕范围内，更有助于我们管理这些对象。这里也说明了一点，这个类似于世界包围盒的物体将不依赖于 Cocos2d-x 渲染中的任何贴图和形状，也就是说，这样做是可以的，关键看在什么场合来使用这种方式。

也许有人会问：为什么要分别定义 4 条边，而不是一次性使用 setAsBox 等函数直接设置物体的 4 条边围成矩形形状呢？因为这时需要一个空心的刚体，而使用 setAsBox 等函数创建的世界是实心的，这样在"世界"中创建物体便会出现问题。因此 4 条边要分别创建，这样 4 条边便包围了一个"空心"的世界。

这里需要说明的还有 PTM_RATIO 变量。这是一个长度转换的变量，由于 Box2D 采取

了现实世界的米作为计量长度的单位（采用千克作为质量单位，采用秒作为时间单位）。因为 Box2D 采取浮点数，很多时候都要使用公差来保证正常工作；因为这些公差公式已经被调整到适合米－千克－秒（MKS）。虽然作为一个游戏引擎，以像素为单位使用起来可以更加方便，但是那样会产生一些不好的模拟效果。这里要注意的是，长度在 0.1 m 到 10 m 范围内的物体模拟的效果更好。由于 Box2D 对于这个长度范围做了优化，使得小到罐头盒，大到公共汽车都会有很好的模拟效果。所以要把游戏中像素级的长度单位转换为米的单位就要除以 PTM_RATIO（定义 32 像素为 1 m）。

注意：变量将物体的长度定义在 1 m 左右。当然，也可以定义长度在 0.1 m 到 10 m 范围以外的物体，不过可能会产生一些意料之外的物理模拟。

4．在 Box2D 世界中添加盒子

屏幕边界内包含了静态刚体，现在屏幕上缺少的是一些动态刚体。那么放些小盒子进去，结果会如何呢？

下面就是定义小盒子动态刚体的部分了。这里不仅需要定义 Box2D 中的内容，还要把这些逻辑数据和渲染部分结合，见代码清单 4-6（出自 tests 项目中的 box2Dtest 文件夹或者 Xcode 下新建 Box2D 项目的模板工程）。

代码清单 4-6　建动态刚体

```
void HelloWorld::addNewSpriteAtPosition(CCPoint p)
{
    CCLOG("Add sprite %0.2f x %02.f", p.x, p.y);
    CCNode* parent = getChildByTag(kTagParentNode);
    
    //We have a 64x64 sprite sheet with 4 different 32x32 images.   The following code is
    //just randomly picking one of the images
    int idx = (CCRANDOM_0_1() > .5 ? 0:1);
    int idy = (CCRANDOM_0_1() > .5 ? 0:1);
    PhysicsSprite *sprite = new PhysicsSprite();
    sprite->initWithTexture(m_pSpriteTexture,   CCRectMake(32 * idx, 32 * idy, 32, 32));
    sprite->autorelease();
    
    parent->addChild(sprite);
    
    sprite->setPosition( CCPointMake( p.x,    p.y) );
    
    // Define the dynamic body.
    //Set up a 1m squared box in the physics world
```

```cpp
b2BodyDef bodyDef;
bodyDef.type = b2_dynamicBody;
bodyDef.position.Set(p.x/PTM_RATIO,  p.y/PTM_RATIO);

b2Body *body = world->CreateBody(&bodyDef);

// Define another box shape for our dynamic body.
b2PolygonShape dynamicBox;
dynamicBox.SetAsBox(.5f,  .5f);//These are mid points for our 1m box

// Define the dynamic body fixture.
b2FixtureDef fixtureDef;
fixtureDef.shape = &dynamicBox;
fixtureDef.density = 1.0f;
fixtureDef.friction = 0.3f;
body->CreateFixture(&fixtureDef);

sprite->setPhysicsBody(body);
}
```

首先，定义一个物理精灵类 PhysicsSprite 对象。这个对象就是自己定义的，声明见代码清单 4-7。

然后一个刚体便被创建了，但是这次 b2BodyDef 的 type 属性被设置成了 b2_dynamicBody，这使刚才被创建的刚体成为动态刚体，可以到处移动，也可以与别的动态刚体发生碰撞。在这里可以对生成的刚体赋予 userData 属性，body->SetUserData(sprite)。之后当你遍历 Box2D 世界中的刚体时，这允许快速访问刚体的精灵。

刚体的形状是 b2PolygonShape，它被设置成一个尺寸为 0.5 m 大小的盒子，SetAsBox 方法创建的盒子大小是给定宽度和高度的两倍，所以坐标需要除以 2。也可以像在这个例子中那样，乘以 0.5 f 来创建一个宽度和高度均为 1 m 的盒子。

动态刚体也需要一个容器来包含刚体需要的所有参数，包括刚体的形状、密度、摩擦力和复原。将容器当做刚体使用的一个数据集。

代码清单 4-7　物理精灵类

```cpp
class PhysicsSprite : public cocos2d::CCSprite
{
public:
    PhysicsSprite();
```

```cpp
    void setPhysicsBody(b2Body * body);
    virtual bool isDirty(void);
    virtual cocos2d::CCAffineTransform nodeToParentTransform(void);
private:
    b2Body* m_pBody;        // strong ref
};
```

以上代码将渲染的精灵类和刚体绑定在一个类中，采用"has-a"的组成方法，在 addNewSpriteAtPosition 函数中首先定义精灵类，然后在世界中定义刚体。

接下来需要在初始化方法里调用 scheduleUpdate 函数模拟出每个时间步更新，并在 update 函数中进行更新。Box2D 是通过定期调用 step 函数来更新动画的。

5．连接精灵和刚体

盒子精灵不会自动跟着刚体做物理运动，并且刚体不会做任何事，除非调用 Box2D 世界的 Step 方法。然后，必须通过得到的刚体的位置和角度来更新精灵的位置。这个操作在 update 方法中实现。

step 函数的第一个参数是时间步。这里进行了修改，因为 dt 会不同，所以不建议用 dt 作为时间步，而要给它一个固定的时间步才不会显得动画时快时慢。第二个参数是速度迭代次数，建议为 8 次，超过 10 次基本看不出提升的效果。第三个参数是位置迭代，1 次就可以。时间步更新见代码清单 4-8。

代码清单 4-8　时间步更新

```cpp
void HelloWorld::update(float dt)
{
    int velocityIterations = 8;
    int positionIterations = 1;

    world->Step(dt, velocityIterations, positionIterations);
}
```

同时，渲染的函数也需要更新，在自己的 nodeToParentTransform 函数中更新节点位置，如代码清单 4-9 所示。

代码清单 4-9　更新节点位置

```cpp
CCAffineTransform PhysicsSprite::nodeToParentTransform(void)
{
    b2Vec2 pos  = m_pBody->GetPosition();
```

```
float x = pos.x * PTM_RATIO;
float y = pos.y * PTM_RATIO;

if ( isIgnoreAnchorPointForPosition() ) {
    x += m_tAnchorPointInPoints.x;
    y += m_tAnchorPointInPoints.y;
}

// Make matrix
float radians = m_pBody->GetAngle();
float c = cosf(radians);
float s = sinf(radians);

if( ! CCPoint::CCPointEqualToPoint(m_tAnchorPointInPoints,   CCPointZero) ){
    x += c*-m_tAnchorPointInPoints.x + -s*-m_tAnchorPointInPoints.y;
    y += s*-m_tAnchorPointInPoints.x + c*-m_tAnchorPointInPoints.y;
}

// Rot，Translate Matrix
m_tTransform = CCAffineTransformMake( c,     s,
    -s,      c,
    x,      y );
return m_tTransform;
}
```

这里需要注意的是，用户数据(userData)属性在 Box2D 引擎中，包括形状、刚体和连接都可以使用用户数据属性，如 body->SetUserData(sprite)。它是一个 void 类型的指针，用于指向用户数据。比如这里就用用户数据指向精灵，这样可以在遍历刚体时获得负责渲染的精灵，比如在更新函数中更新负责渲染的精灵类的新位置。更新函数如代码清单 4-10 所示。

代码清单 4-10　更新函数

```
void HelloWorld::update(float dt)
{

    int velocityIterations = 8;
    int positionIterations = 1;

    // Instruct the world to perform a single step of simulation. It is
    // generally best to keep the time step and iterations fixed.
    world->Step(dt,   velocityIterations,   positionIterations);
```

```
//Iterate over the bodies in the physics world
for (b2Body* b = world->GetBodyList(); b; b = b->GetNext())
{
    if (b->GetUserData() != NULL) {
        //Synchronize the AtlasSprites position and rotation with the corresponding body
        CCSprite* myActor = (CCSprite*)b->GetUserData();
        myActor->setPosition( CCPointMake( b->GetPosition().x * PTM_RATIO,
                                           b->GetPosition().y * PTM_RATIO) );
        myActor->setRotation( -1 * CC_RADIANS_TO_DEGREES(b->GetAngle()) );
    }
}
```

可以看到以上代码遍历每一个精灵并给精灵做位置更新。

Box2D 的很多设计决策都是为了快速有效地使用内存。由于 Box2D 引擎经常要处理有很多"小"对象的情况，这些"小"对象的特点就是占内存较少并且生命周期不长，如果每个小对象都采取使用时新建、不使用时销毁，那么内存中会有很多碎片，这时就需要一个分配管理器来管理这些"小"对象。

Box2D 的解决方案是使用小型对象分配器，它维护了许多尺寸不定的可增加的池。当有内存分配的请求时，会返回最匹配的内存。当内存使用完成后，又回到池中。这样就减少了很多堆流量，而且操作十分快速。这个分配管理器就是世界，通过世界创建 Box2D 中的其他元素，在每个时间步的临时变量使用栈分配器来解决单步堆分配。这样，只需删除世界就可以删除全部的对象，见代码清单 4-11。

代码清单 4-11　删除世界对象

```
HelloWorld::~HelloWorld()
{
    delete world;
    world = NULL;
}
```

6. 碰撞检测

以上就是在 Xcode 中新建出来的 Box2D 的项目，如果我们需要对刚体之间碰撞进行检测，那就需要在原程序上添加新的内容。

Box2D 有一个名为 b2ContactListener 的类。如果想接收碰撞的回调（callback），就应该创建一个继承自 b2ContactListener 的新类。ContactListener 类的头文件如代码清单 4-12 所示。

代码清单 4-12　ContactListener 类的头文件

```cpp
#include "cocos2d.h"
#include "Box2D.h"

class ContactListener : public b2ContactListener
{
public:
    /// Called when two fixtures begin to touch.
    virtual void BeginContact(b2Contact* contact);

    /// Called when two fixtures cease to touch.
    virtual void EndContact(b2Contact* contact);
};
```

BeginContact 和 EndContact 这两个方法是 Box2D 定义的,任何时候,当两个刚体发生碰撞时都会调用这两个方法。

在实现代码中,当两个刚体发生碰撞时,这里简单地把精灵的颜色换成了红色。然后在两个刚体分开后,将它们的颜色换回白色,如代码清单 4-13 所示。

代码清单 4-13　检测碰撞的开始和结束

```cpp
#include "ContactListener.h"
using namespace cocos2d;

void ContactListener::BeginContact(b2Contact* contact)
{
    b2Body * bodyA = contact->GetFixtureA()->GetBody();
    b2Body * bodyB = contact->GetFixtureA()->GetBody();
    CCSprite * spriteA = (CCSprite *)bodyA->GetUserData();
    CCSprite * spriteB = (CCSprite *)bodyB->GetUserData();

    if (spriteA != NULL && spriteB != NULL) {
        spriteA->setColor(ccRED);
        spriteB->setColor(ccRED);
    }

}
```

```
void ContactListener::EndContact(b2Contact* contact)
{
    b2Body * bodyA = contact->GetFixtureA()->GetBody();
    b2Body * bodyB = contact->GetFixtureB()->GetBody();
    CCSprite * spriteA = (CCSprite *)bodyA->GetUserData();
    CCSprite * spriteB = (CCSprite *)bodyB->GetUserData();

    if (spriteA != NULL && spriteB != NULL) {
        spriteA->setColor(ccWHITE);
        spriteB->setColor(ccWHITE);
    }
}
```

b2Contact 包含了与碰撞相关的所有信息。这些信息中包含了代码中以 A 和 B 为后缀的两个相碰撞刚体的所有信息。这里没有区别是谁碰了谁，仅仅是两个刚体发生了相互碰撞。还有一点需要注意：碰撞测试方法可能会在一帧里被调用多次，每一次碰撞都会调用一次这个方法。

虽然通过 contact 进入 fixture，然后取得刚体，最后用刚体的 GetUserData 方法得到精灵的整个过程很复杂，但是 Box2D 的 API 参考手册可以帮助理解这里所经过的层级。

想要使用 ContactListener，就必须把它添加到 world 中。在 HelloWorldScene 中导入 ContactListener.h 头文件，然后在这个类的世界初始化时，创建一个新的 ContactListener 实例，然后将它设为 world 的 contact listener（碰撞监听器），如代码清单 4-14 所示。

代码清单 4-14　碰撞监听器

```
-world->SetContactListener(new ContactListener());
```

7．连接刚体

我们可以用关节把刚体连接起来，使用的关节类型决定着刚体的连接的方式。其作用是把物体约束到世界，或约束到其他物体上。在游戏中的典型例子是木偶、跷跷板和滑轮。关节可以用许多种不同的方法结合起来，创造出有趣的运动。

有些关节提供了限制（limit），以便控制运动范围。有些关节还提供了马达（motor），它可以以指定的速度驱动关节，直到你指定了更大的力或扭矩。

关节马达有许多不同的用途。可以使用关节来控制位置，只要提供一个与目标之距离成正比例的关节速度即可。还可以模拟关节摩擦：将关节速度置零，并且提供一个小的、但有效的最大力或扭矩，那么马达就会努力保持关节不动，直到负载变得过大。

在以下的例子中，生成了 2 个刚体。其中一个是动态的，一个是静态的，用距离关节来连接它们。这种关节会让刚体保持相同的距离，并且可以 360°旋转。

为了代码的清晰，我们创建一个用来创建刚体的方法，它和原来的 addNew Sprite AtPosition 没有本质区别，仅仅是根据传入的类型决定创建刚体的类型，并且需要传回一个返回值，同时对在 body 上添加精灵也另外进行封装，如代码清单 4-15 所示。

代码清单 4-15　addNewSpriteAtPositionAndType

```
b2Body * HelloWorld::addNewSpriteAtPositionAndType(CCPoint p, b2BodyType type)
{

    b2BodyDef bodyDef2;
    bodyDef2.type = type;
    bodyDef2.position.Set(p.x/PTM_RATIO, p.y/PTM_RATIO);
    b2Body *body = world->CreateBody(&bodyDef2);

    // Define another box shape for our dynamic body
    b2PolygonShape dynamicBox;
    dynamicBox.SetAsBox(.5f, .5f);//These are mid points for our 1m box

    // Define the dynamic body fixture
    b2FixtureDef fixtureDef;
    fixtureDef.shape = &dynamicBox;
    fixtureDef.density = 1.0f;
    fixtureDef.friction = 0.3f;
    body->CreateFixture(&fixtureDef);

    bodyAddSprite(body);
    return body;
}

//在 body 上添加精灵
void HelloWorld::bodyAddSprite(b2Body * body)
{
    CCNode* parent = getChildByTag(kTagParentNode);
```

```
//We have a 64x64 sprite sheet with 4 different 32x32 images.    The following code is
//just randomly picking one of the images
int idx = (CCRANDOM_0_1() > .5 ? 0:1);
int idy = (CCRANDOM_0_1() > .5 ? 0:1);
PhysicsSprite *sprite = new PhysicsSprite();
sprite->initWithTexture(m_pSpriteTexture, CCRectMake(PTM_RATIO * idx, PTM_RATIO * idy, PTM_RATIO, PTM_RATIO));
sprite->autorelease();
parent->addChild(sprite);
sprite->setPosition( CCPointMake( body->GetPosition().x, body->GetPosition().y) );

sprite->setPhysicsBody(body);
body->SetUserData(sprite);
}
```

这样我们就通过这个方法很容易地创建需要的刚体了。

1）距离关节

接下来创建一个距离关节，距离关节是最简单的关节之一，它描述了两个物体上的两个点之间的距离应该是常量。当指定一个距离关节时，两个物体必须已经在应有的位置上。随后指定两个世界坐标中的锚点。第一个锚点连接到物体1，第二个锚点连接到物体2。这些点隐含了距离约束的长度。当然也可以直接指定两者之间的长度，如图 4-2 所示。

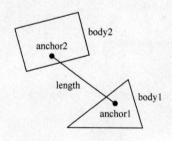

图 4-2　距离关节

创建距离关节的代码见代码清单 4-16。

代码清单 4-16　创建距离关节

```
void HelloWorld::addDistanceJoint(CCPoint p)
{
    b2Body *body = addNewSpriteAtPositionAndType(p, b2_staticBody);
```

```
b2Body*body2=addNewSpriteAtPositionAndType(ccpAdd(p,ccp(PTM_RATIO,PTM_ RATIO)),
b2_dynamicBody);

b2DistanceJointDef jointDef;
//方法一
jointDef.Initialize(body,   body2,   body->GetWorldCenter (),   body2->GetWorldCenter ());
//方法二
//jointDef.bodyA = body;
//jointDef.bodyB = body2;
//jointDef.length = 2;
world->CreateJoint(&jointDef);
}
```

最后不要忘记在初始化时使用这个方法，如代码清单 4-17 所示。

代码清单 4-17　加入距离关节

```
addDistanceJoint(ccp( 200，200));
```

最终运行效果如图 4-3 所示。

2）旋转关节

一个旋转关节会强制两个物体共享一个锚点，即所谓铰接点。旋转关节只有一个自由度：两个物体的相对旋转，称之为关节角，如图 4-4 所示。

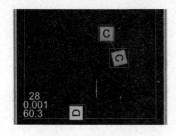

图 4-3　运行效果

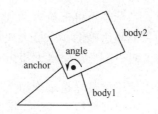

图 4-4　旋转关节

要指定一个旋转关节，需要提供两个物体以及一个世界坐标的锚点。初始化函数会假定物体已经在应有位置了。

在此例中，两个物体被旋转关节连接于第二个物体的质心。创建旋转开关如代码清单 4-18 所示。

代码清单4-18 创建旋转关节

```
void HelloWorld::addRevoluteJoint(CCPoint p)
{
    b2Body *body = addNewSpriteAtPositionAndType(p,  b2_staticBody);

    b2Body*body2=addNewSpriteAtPositionAndType(ccpAdd(p,ccp(PTM_RATIO,PTM_RATIO)),
    b2_dynamicBody);


    b2RevoluteJointDef jointDef;
    jointDef.Initialize(body,  body2,  body2->GetWorldCenter());

    world->CreateJoint(&jointDef);
}
```

在body2逆时针旋转时，关节角为正。像所有Box2D中的角度一样，旋转角也是弧度制的。按规定，使用Initialize()创建关节时，旋转关节角为0，无论两个物体当前的角度怎样。

有时可能需要控制关节角。为此，旋转关节可以模拟关节限制和马达。关节限制会强制保持关节角度在一个范围内，为此它会应用足够的扭矩。范围内应该包括0，否则在开始模拟时关节会倾斜。

关节马达允许你指定关节的速度（角度之时间导数），速度可正可负。马达可以有无穷的力量，但这通常没有必要。

注意：当一个不可抵抗力遇到一个不可移动物体时会发生什么？这可并不有趣。所以你可以为关节马达提供一个最大扭矩，关节马达会维持在指定的速度，除非其所需的扭矩超出了最大扭矩。当超出最大扭矩时，关节会慢下来，甚至会反向运动。

还可以使用关节马达来模拟关节摩擦。只要把关节速度设置为0，并设置一个小且有效的最大扭矩即可。这样马达会试图阻止关节旋转，但它会屈服于过大的负载。

这里是对上面旋转关节定义的修订。这次，关节拥有一个限制和一个马达，后者用于模拟摩擦，如代码清单4-19所示。运行结果如图4-5所示。

代码清单4-19 创建有马达及限制的旋转关节

```
void HelloWorld::addRevoluteJoint(CCPoint p)
{
    b2Body *body = addNewSpriteAtPositionAndType(p,  b2_staticBody);
```

```
    b2Body*body2=addNewSpriteAtPositionAndType(ccpAdd(p, ccp(PTM_RATIO, PTM_RATIO)),
b2_dynamicBody);

    b2RevoluteJointDef jointDef;
    jointDef.Initialize(body, body2, body2->GetWorldCenter());
    jointDef.lowerAngle = -0.25f * b2_pi; // -45 degrees
    jointDef.upperAngle = 0.5f * b2_pi; // 90 degrees
    jointDef.enableLimit = true;
    jointDef.maxMotorTorque = 10.0f;
    jointDef.motorSpeed = 1.0f;
    jointDef.enableMotor = true;
    world->CreateJoint(&jointDef);
}
```

3）移动关节

移动关节（prismatic joint）允许两个物体沿指定轴相对移动，它会阻止相对旋转，如图 4-6 所示。因此，移动关节只有一个自由度。

图 4-5　运行效果

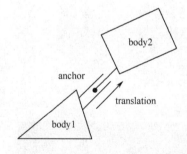

图 4-6　移动关节

移动关节的定义有些类似于旋转关节；只是转动角度换成了平移，扭矩换成了力。以这样的类比，我们来看一个带有关节限制和马达摩擦的移动关节定义，如代码清单 4-20 所示。

代码清单 4-20　创建移动关节

```
void HelloWorld::addPrismaticJoint(CCPoint p)
{
    b2Body *body = addNewSpriteAtPositionAndType(p, b2_staticBody);

    b2Body*body2=addNewSpriteAtPositionAndType(ccpAdd(p,ccp(PTM_RATIO, -PTM_RATIO)),
```

b2_dynamicBody);

```
b2PrismaticJointDef jointDef;
b2Vec2 worldAxis(1.0f,    -1.0f);//可以移动的方向
jointDef.Initialize(body,  body2,   body2->GetWorldCenter(),   worldAxis);
jointDef.lowerTranslation = -2.0f;
jointDef.upperTranslation = 5.0f;
jointDef.enableLimit = true;
jointDef.motorSpeed = 0.0f;
jointDef.enableMotor = true;
world->CreateJoint(&jointDef);
}
```

旋转关节隐含着一个从屏幕射出的轴，而移动关节明确地需要一个平行于屏幕的轴。这个轴会固定于两个物体之上，沿着它们的运动方向。

就像旋转关节一样，当使用 Initialize() 创建移动关节时，移动为 0。所以一定要确保移动限制范围内包含了 0。运行效果如图 4-7 所示。

4）滑轮关节

滑轮关节用于创建理想的滑轮，它将两个物体接地（ground）并连接到彼此，如图 4-8 所示。这样，当一个物体升起时，另一个物体就会下降。滑轮的绳子长度取决于初始时的状态。

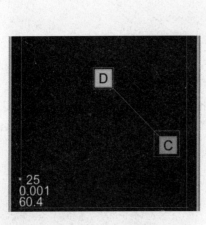

图 4-7　运行效果

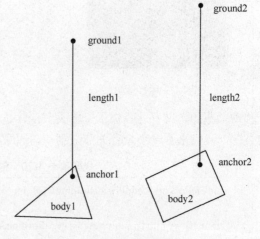

图 4-8　滑轮关节

length1 + length2 == constant

还可以提供一个系数（ratio）来模拟滑轮组，这会使滑轮一侧的运动比另一侧要快。同时，一侧的约束力也比另一侧要小。也可以用这个来模拟机械杠杆（mechanical leverage）。

length1 + ratio×length2 == constant

举个例子，如果系数是 2，那么 length1 的变化会是 length2 的两倍。另外连接 body1 的绳子的约束力将会是连接 body2 绳子的一半。

这是一个滑轮定义的例子，如代码清单 4-21 所示。

代码清单 4-21　创建滑轮关节

```
void HelloWorld::addPulleyJoint(CCPoint p)
{
    b2Body *body = addNewSpriteAtPositionAndType(p,    b2_dynamicBody);

    b2Body*body2=addNewSpriteAtPositionAndType(ccpAdd(p,ccp(PTM_RATIO, -PTM_RATIO)), b2_dynamicBody);

    b2Vec2 anchor1 = body->GetWorldCenter();
    b2Vec2 anchor2 = body2->GetWorldCenter();

    b2Vec2 groundAnchor1(anchor1.x,    anchor1.y + 2.0f);//滑轮的位置
    b2Vec2 groundAnchor2(anchor2.x,    anchor2.y + 4.0f);

    float32 ratio = 0.5f;//系数
    b2PulleyJointDef jointDef;

    jointDef.Initialize(body，body2，groundAnchor1，groundAnchor2，anchor1，anchor2，ratio);

    world->CreateJoint(&jointDef);
}
```

运行效果如图 4-9 所示。

5）齿轮关节

如果想要创建复杂的机械装置，可能需要齿轮。原则上，在 Box2D 中可以用复杂的形状来模拟轮齿，但这并不十分高效，而且这样的工作可能有些乏味。另外，还得小心地排列齿轮，保证轮齿能平稳地啮合。Box2D 提供了一个创建齿轮的更简单的方法——齿轮关节，如图 4-10 所示。

图 4-9 运行效果

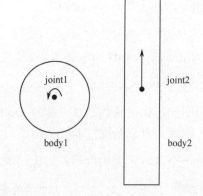
图 4-10 齿轮关节

齿轮关节需要两个被旋转关节或移动关节接地（ground）的物体，你可以任意组合这些关节类型。另外，创建旋转或移动关节时，Box2D 需要地（ground）作为 body1。

类似于滑轮的系数，你可以指定一个齿轮系数（ratio），齿轮系数可以为负。另外值得注意的是，当一个是旋转关节（有角度的）而另一个是移动关节（平移）时，齿轮系数是长度或长度的几分之一。

coordinate1 + ratio×coordinate2 == constant

这是一个齿轮关节的例子，如代码清单 4-22 所示。

代码清单 4-22 创建齿轮关节

```
void HelloWorld::addGearJoint(CCPoint p)
{
    b2Body *body = addNewSpriteAtPositionAndType(p, b2_dynamicBody);

    b2Body *body2 = addNewSpriteAtPositionAndType(ccpAdd(p, ccp(PTM_RATIO, 0)), b2_dynamicBody);

    //通过地面生成一个旋转关节
    b2RevoluteJointDef jd1;
    jd1.bodyA = groundBody;
    jd1.bodyB = body;
    jd1.localAnchorA = groundBody->GetLocalPoint(body->GetPosition());
    jd1.localAnchorB = body->GetLocalPoint(body->GetPosition());
    jd1.referenceAngle = body->GetAngle() - groundBody->GetAngle();
    b2RevoluteJoint* joint1 = (b2RevoluteJoint*)world->CreateJoint(&jd1);
```

```
//通过地面生成一个移动关节
b2PrismaticJointDef jd3;
jd3.Initialize(groundBody, body2, body2->GetPosition(), b2Vec2(0.0f, 1.0f));
jd3.lowerTranslation = -5.0f;
jd3.upperTranslation = 5.0f;
jd3.enableLimit = true;
b2PrismaticJoint *joint2 = (b2PrismaticJoint*)world->CreateJoint(&jd3);

//通过旋转关节和移动关节生成一个齿轮关节
b2GearJointDef jointDef3;
jointDef3.bodyA = body;
jointDef3.bodyB = body2;
jointDef3.joint1 = joint1;
jointDef3.joint2 = joint2;
jointDef3.ratio = 4.0f;//比率
world->CreateJoint(&jointDef3);
}
```

注意，齿轮关节依赖于两个其他关节，这是脆弱的，当其他关节被删除了会发生什么？

齿轮关节应该总先于旋转或移动关节被删除，否则代码将会由于齿轮关节中的无效关节指针而导致崩溃。另外齿轮关节也应该在任何相关物体被删除之前删除。

运行结果如图 4-11 所示。

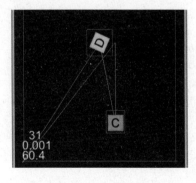

图 4-11　运行效果

6）鼠标关节

前面所有的这些内容都没有人机交互的功能，最多就是在单击的地方创建一个新的刚体，但是对刚体进行一些操作却没有办法实现。那么接下来就是要实现如何通过鼠标对刚体进行操作。由于 Box2D 是不直接与鼠标交互的，而是通过鼠标关节 b2MouseJoint 交互的，所以要实现以上功能，必须先创建一个鼠标关节。而整个交互的过程由四个步骤完成：获取鼠标单击处的刚体；创建鼠标关节；控制鼠标关节；销毁鼠标关节。

首先在按下的触屏事件中获取鼠标单击处的刚体以及创建鼠标关节，如代码清单 4-23 所示。

代码清单 4-23　创建鼠标关节

```
void HelloWorld::ccTouchesBegan(CCSet *pTouches, CCEvent *pEvent)
{
    CCTouch * touch = (CCTouch*)pTouches->anyObject();
    //判断鼠标是否点在了刚体上
    CCPoint mousePt = touch->getLocation();
    b2Body *pBody = world->GetBodyList();//获得所有刚体
    for(; pBody != NULL; pBody = pBody->GetNext())
    {
        b2Fixture *pFixture = pBody->GetFixtureList();//获的每个刚体的所有 Fixture，因为类似于 ground 就有好几个 Fixture
        for(;pFixture != NULL;pFixture = pFixture->GetNext())
        {
            b2Vec2 mouseVec;
            mouseVec.Set(mousePt.x/PTM_RATIO, mousePt.y/PTM_RATIO);
            if(pFixture->TestPoint(mouseVec))//判断鼠标点是否在这个刚体上
            {
                //创建鼠标关节
                b2MouseJointDef md;
                md.bodyA=groundBody;//一般为世界边界
                md.bodyB=pBody;//需要拖动的物体
                md.target=mouseVec;//指定拖动的坐标
                md.collideConnected=true; //是否进行碰撞检测
                md.maxForce=1000.0f*pBody->GetMass(); //给一个拖动的力
                mouseJoint=(b2MouseJoint*)world->CreateJoint(&md);//创建
                pBody->SetAwake(true);//将刚体唤醒，原来可能睡眠了，会少一帧
                return ;
            }
        }
    }
}
```

其次在鼠标移动过程中控制鼠标关节，如代码清单 4-24 所示。

代码清单 4-24　控制鼠标关节

```cpp
void HelloWorld::ccTouchesMoved(CCSet *pTouches,    CCEvent *pEvent)
{
    if(mouseJoint == NULL )
        return;

    CCTouch * touch = (CCTouch*)pTouches->anyObject();
    b2Vec2 vecMouse;
    vecMouse.Set((touch->getLocation().x)/PTM_RATIO,    (touch->getLocation().y)/PTM_RATIO);
    //控制鼠标关节，改变关节位置
    mouseJoint->SetTarget(vecMouse);
}
```

最后在鼠标抬起来时销毁鼠标关节，如代码清单 4-25 所示。

代码清单 4-25　销毁鼠标关节

```cpp
void HelloWorld::ccTouchesEnded(CCSet* touches,    CCEvent* event)
{
    //销毁关节
    if(mouseJoint != NULL)
    {
        world->DestroyJoint(mouseJoint);
        mouseJoint = NULL;
    }
}
```

拥有了鼠标关节，才算是实现了 Box2D 的人机交互，用户可以通过单击屏幕对世界中的任意物体进行操控。

关节是通过使用 b2World 类的 CreateJoint 方法来生成的。虽然在这个项目里 HelloWorldScene 类中有一个名为 b2World 的成员变量，但是在这里，其实任何刚体都可以得到 b2World——不管通过哪个刚体，只要使用刚体的 GetWorld 方法就可以得到 b2World。这是一个很有用的方法。因为在之前讨论的 ContactListener 中，并不存在 b2World 成员变量，所以必须通过刚体的这个方法来获取 b2World。

第 5 章 游戏实例

通过前 4 章，我们已经对 Cocos2d-x 的相关知识有所了解，然而学习这些知识基本上就是对使用 Cocos2d-x 开了个头，灵活运用这些知识开发出好的游戏项目才是我们使用引擎的目的。本部分将通过两个游戏实例——横版格斗类游戏和跑酷类游戏，进一步介绍 Cocos2d-x 在游戏开发中的应用。通过对这两个完全不同的游戏项目的学习，相信读者对 Cocos2d-x 和游戏开发有更深入的认识。

5.1 横版动作类游戏

横版格斗类游戏也是一种比较传统的游戏，在各种游戏平台也都有非常经典的游戏作品。从最早的过关解谜游戏，到 iOS 和 Android 平台上的格斗类游戏，无论怎么改变，都有动作游戏的特点。

该类游戏具有的特点如下：

滚动的背景：因为玩家的主角一直控制在屏幕范围内，所以让玩家感觉到"移动"的方式就是背景的前后移动。可以使用缓冲背景并移动的方式来达到滚动的效果。在横版动作游戏中，还要处理主角与地图的碰撞等。

主角：由玩家控制的对象，玩家控制它的移动，在有按键的平台上通过按键来控制，在触摸平台上通过玩家来移动主角，包括控制玩家移动、跳跃等。

处理碰撞对象：包括敌人和金币等对象。

图 5-1 所示为经典横版动作类游戏合金弹头的游戏截图。

图 5-1　经典横版动作类游戏合金弹头的游戏截图

1. AMOK 简介

AMOK 是一款精心打造的格斗类游戏。在这款游戏中，游戏主要分为主界面、关卡选择、游戏战斗、游戏结束 4 个模块。

2. AMOK 的游戏规则

游戏开始后，AMOK 呼唤一位真正的英雄，即我们的主角，玩家使用主角进行战斗。主角通过战斗可以升级增加金币、攻击力以及血量。有三种敌人：枪兵、女兵、刀兵。当敌人受到攻击后，减少血量直至死亡。当敌人全部死亡后，出现胜利画面。当主受到攻击后，减少血量直至死亡。当主角死亡后出现失败画面。

3. AMOK 的游戏框架和界面

主菜单界面、关卡菜单界面、主游戏界面、主游戏结束界面分别如图 5-2、图 5-3、图 5-4、图 5-5 所示。

图 5-2　主菜单界面

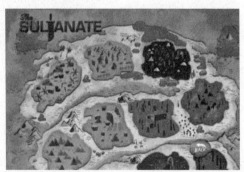

图 5-3　关卡菜单界面

图 5-4　主游戏界面　　　　　　　　　图 5-5　主游戏结束界面

4．AMOK 主游戏模块组成元素的实现

主游戏模块元素主要有下面几个部分组成：主角雄风，敌人的实现，摇柄的实现，地图关卡的实现。

1）主角雄风的实现

首先新建一个继承 CCNode 的 HeroNode 类，在这个类中，我们添加了与主角相关的属性和动作，将这个整体作为一个节点。主角定义文件"HeroNode.h"见代码清单 5-1。

代码清单 5-1　英雄定义文件"HeroNode.h"

```
#ifndef __GrappleGame__HeroNode__
#define __GrappleGame__HeroNode__
#include "cocos2d.h"
class HeroNode : public cocos2d::CCNode
{
public:
    HeroNode();
    ~HeroNode();
    static HeroNode* getHeroNode(char* name1, char* name2);
    static HeroNode *m_pHeroNode;
    void initMyHeroWithName(char* name1, char* name2);
    //血条和经验
    void addHeroGrayBloodWithZorder(int iGrayBloodZorder);
    void addHeroRedBloodWithZorder(int iRedBloodZorder);
    void addHeroEXP_BarWithZorder(int iExpBarZorder);
    //hpLabel
    void addHeroHPLabelWithZorder(int iLabel1Zorder, int iLabel2Zorder);
```

```cpp
    int m_iCurrentExp;
    int m_iTotleExp;
    cocos2d::CCSprite *m_pHeroSprite; //主角精灵
    int m_iSkill1PowerHurt;
    int m_iSkill2PowerHurt;
    bool m_bIsAction;//查看当前是否已经在打怪了
    int m_iCurrentAction;//查看当前第几招了，技能一有三招
    bool m_bIsCoolDown;//查看第二个技能是否 CD
    bool m_bIsRunning;//查看是否在跑
    int m_iLevel;
    cocos2d::CCLabelTTF *m_pLevelLabel1,*m_pLevelLabel2;
    int m_iCurrentHp;
    int m_iTotleHp;
    cocos2d::CCLabelTTF *m_pBloodLabel1,*m_pBloodLabel2;
    int m_iScore;//即 money
    cocos2d::CCLabelTTF *m_pScoreLabel1,*m_pScoreLabel2;
    cocos2d::CCProgressTimer *m_pBloodProTime;//血条百分比
    cocos2d::CCProgressTimer *m_pExpProTime;//经验百分比
};
#endif /* defined(__GrappleGame__HeroNode__) */
```

有了定义文件之后，我们来看看英雄具体实现方式是怎么样的。初始化函数 initMyHeroWithNameOne 见代码清单 5-2。

代码清单 5-2　英雄初始化 initMyHeroWithName 函数

```cpp
void HeroNode::initMyHeroWithName(char* name1, char* name2)
{
    m_iTotleHp = userDefaults->getIntegerForKey("HeroTotalHp");
    m_iCurrentHp = m_iTotleHp;
    m_iLevel = userDefaults->getIntegerForKey("HeroLevel"); //等级
    m_iTotleExp = userDefaults->getIntegerForKey("HeroTotalExp"); //当前等级的经验
    m_iScore = userDefaults->getIntegerForKey("HeroCoin");
    m_iSkill1PowerHurt = userDefaults->getIntegerForKey("HeroSkill1Power");   //技能 1 伤害
    m_iSkill2PowerHurt = userDefaults->getIntegerForKey("HeroSkill2Power");   //技能 2 伤害
    //得分数字
    int iScore = userDefaults->getIntegerForKey("HeroCoin");
    char ScoreBuffer[5] = {'\0'};
    sprintf(ScoreBuffer, "%d", iScore);
    m_pScoreLabel1 = CCLabelTTF::labelWithString(ScoreBuffer, "Thonburi", 25);
    m_pScoreLabel1->setColor(ccBLACK);
```

```cpp
m_pScoreLabel1->setPosition(ccp(95, WINSIZE.height-17));
m_pScoreLabel2 = CCLabelTTF::labelWithString(ScoreBuffer, "Thonburi", 25);
m_pScoreLabel2->setColor(ccc3(231, 186, 33));
m_pScoreLabel2->setPosition(ccp(94, WINSIZE.height-16));
//等级数字显示
char LevelBuffer[5] = {'\0'};
sprintf(LevelBuffer, "%d", m_iLevel);
m_pLevelLabel1 = CCLabelTTF::labelWithString(LevelBuffer, "Thonburi", 25);
m_pLevelLabel1->setColor(ccBLACK);
m_pLevelLabel1->setPosition(ccp(181, WINSIZE.height-17));
m_pLevelLabel2 = CCLabelTTF::labelWithString(LevelBuffer, "Thonburi", 25);
m_pLevelLabel2->setColor(ccc3(231, 186, 33));
m_pLevelLabel2->setPosition(ccp(180, WINSIZE.height-16));
}
```

代码清单 5-2 添加了主角的基本信息，包括当前等级、血量、经验、伤害值。还添加了 4 个 label，分别用于显示得分也就是钱币和当前等级的文字。为了让文字效果逼真，我们在这里用了 2 种颜色显示一个 label，给用户一种阴影的感觉。

注意：本项目所有用到 CCLabelTTF 的地方都是使用 2 种颜色完成的，后面不再注释。

2）敌人的实现

这里与主角一样，我们也新建了一个继承 CCNode 的 EnemyNode 类，在这个类中，我们添加了与其相关的属性和动作。敌人初始化函数 initWithTypeName 见代码清单 5-3。

代码清单 5-3　敌人初始化 initWithTypeName 函数

```cpp
EnemyNode *EnemyNode::initWithTypeName(char *name, cocos2d::CCPoint pos)
{
    m_iEnemyIndex = 0;
    m_pBloodSplashBySkill1 = NULL;
    m_pBloodSplashBySkill2 = NULL;
    char buffer[20] = {'\0'};
    for(int i = 0; i < gl_iEnemyType; i++)
    {
        if(strcmp(name, gl_sEnemyName[i].c_str()) == 0)
        {
            m_iEnemyIndex = i;
            isNotBeingHurt = true;
            sprintf(buffer, "%s1.png", gl_sEnemyFrameName[i].c_str());
            m_pEnemySprite = CCSprite::createWithSpriteFrameName(buffer);
```

```cpp
            this->m_pEnemySprite->setPosition(pos);
            CCAnimate *monsterStand;
            if(i == 1)
            {
                monsterStand = ActionTool::animationWithOddFrame(
                                        gl_sEnemyFrameName[i].c_str(),
                                        gl_iEnemyFrameCount[i],
                                        gl_fEnemyFrameDelay[i]);
            }
            else
                monsterStand = ActionTool::animationWithFrame(
                                        gl_sEnemyFrameName[i].c_str(),
                                        gl_iEnemyFrameCount[i],
                                        gl_fEnemyFrameDelay[i]);
            CCRepeatForever *monsterStands =
                    CCRepeatForever::actionWithAction(monsterStand);
            this->m_pEnemySprite->runAction(monsterStands);
            m_iEnemyPower = atoi(gl_sEnemyPower[i].c_str());
            m_iEnemyTotleHp = atoi(gl_sEnemyBlood[i].c_str());
            m_iEnemyCurrentHp = m_iEnemyTotleHp;
            m_iEnemyExp = atoi(gl_sEnemyExp[i].c_str());
            m_bIsDie = false;
              m_pEnemyBloodVialSprite =
                        CCSprite::spriteWithFile("myBlood.png");
            CCMoveBy *up = CCMoveBy::actionWithDuration(1/3.0, ccp(0, 25));
            CCEaseOut *easeUp = CCEaseOut::actionWithAction(up, 3);
            CCMoveBy *down = CCMoveBy::actionWithDuration(5/9.0, ccp(0, -45));
            CCEaseIn *easeDown = CCEaseIn::actionWithAction(down, 3);
            CCFiniteTimeAction *updown =
                    CCSequence::actions(easeUp,easeDown, NULL);
            m_pEnemyBloodVialAction = updown;
            return this;
        }
    }
    return NULL;
}
```

从代码清单 5-3 中我们其实可以看到，与主角的初始化有所不同。首先主角只有 1 个，但是敌人有多个，这里使用 for 循环来遍历是哪种敌人。根据敌人的不同，它们自身的动画效果也有所不同，这就有了 monsterStand 对象。这里还多了一个 m_pEnemyBlood Vial Action 动作，它是用于主角攻击敌人时，敌人飙血的动画效果。读者可能要问了，那主角的飙血效果呢？其实主角的飙血效果是在主模块里面实现的，我们后续再看。

敌人仅仅初始化还是不够的，因为我们需要的是智能的敌人，一个可以自动跟随英雄的 AI 计算机。在这里我们增加了函数 monsterRunWithPosition 和 monsterLongRunWithPosition，分别为离主角短距离和长距离跟踪的函数，见代码清单 5-4 和代码清单 5-5。

代码清单 5-4　短距离 monsterRunWithPosition 函数

```cpp
void EnemyNode::monsterRunWithPosition(CCPoint pos, bool dir, const char *name)
{
    char buffer[20] = {'\0'};
    for(int i = 0; i < gl_iEnemyType; i++)
    {
        if(strcmp(name, gl_sEnemyName[i].c_str()) == 0)
        {
            this->m_pEnemySprite->stopAllActions();
            this->m_pEnemySprite->setFlipX(dir);
            CCMoveBy *move = CCMoveBy::actionWithDuration(1.0/3.0, pos);
            this->m_pEnemySprite->runAction(move);
            if(gl_sEnemyMoveSpriteAnimation[i].empty())
                return;
            CCAnimate *monsterRun = ActionTool::animationWithFrame(
                        gl_sEnemyMoveSpriteAnimation[i].c_str(),
                        8, 1.0/24.0);
            CCCallFunc *actionDone = CCCallFunc::create(this,
                        callfunc_selector(EnemyNode::runStaticAction));

            this->m_pEnemySprite->runAction(CCSequence::actions(
                            monsterRun, actionDone, NULL));
            break;
        }
    }
}
```

代码清单 5-5　长距离 monsterLongRunWithPosition 函数

```cpp
void EnemyNode::monsterLongRunWithPosition(CCPoint pos, bool dir, const char* name, float fMoveTime)
{
```

```cpp
char buffer[20] = {'\0'};
float duration;
CCMoveTo *move;
for(int i = 0; i < gl_iEnemyType; i++)
{
    if(strcmp(name, gl_sEnemyName[i].c_str()) == 0)
    {
        this->m_pEnemySprite->stopAllActions();
        this->m_pEnemySprite->setFlipX(dir);
        if(i == 1)
        {
            duration = fMoveTime;
            move = CCMoveTo::actionWithDuration(duration, pos);
        }
        else
        {
            duration = 1.0 - m_iEnemyIndex * 0.1;//枪兵跟刀兵移动速度稍微有区别
            move = CCMoveBy::actionWithDuration(duration, pos);
        }
        this->m_pEnemySprite->runAction(move);
        if(gl_sEnemyMoveSpriteAnimation[i].empty())
            return;
        CCAnimate *monsterRun = ActionTool::animationWithFrame(
                        gl_sEnemyMoveSpriteAnimation[i].c_str(),
                        gl_iEnemyMoveFrameCount[i],
                        gl_fEnemyMoveSpriteAnimationDelay[i]);

        if(i == 1)
        {
          this->m_pEnemySprite->runAction(
                    (CCFiniteTimeAction*)CCRepeatForever::create(monsterRun))
                                ->setTag(TagWomenRunAnimation);
            this->scheduleOnce(schedule_selector(EnemyNode::nvbingRunAnimationOver),
                                fMoveTime);
        }
        else
        {
            CCCallFunc *actionDone = CCCallFunc::create(
                        this, callfunc_selector(EnemyNode::runStaticAction));
            this->m_pEnemySprite->runAction(
                        CCSequence::actions(monsterRun, actionDone, NULL));
```

            }
            break;
        }
    }
}
```

代码清单5-4短距离monsterRunWithPosition函数其实很好理解，就是外部调用此函数，然后根据位置、时间、方向，遍历敌人种类，让当前敌人移动到指定位置。长距离与短距离稍微有点区别，由于我们让女兵只移动长距离，而且由于它是远程攻击，所以将其单独区分开来。

3）摇柄的实现

到现在为止，敌人移动的接口已经确定了。我们不经想到怎么样控制英雄呢？这里我们使用虚拟摇柄来实现。使用方法是先放一张底图精灵，类似于摇柄的托盘，上面放一个摇柄精灵，然后让摇柄精灵跟随手指移动，这样只要计算摇柄精灵和初始位置的角度就能判断出英雄移动的角度，通过摇柄精灵和初始位置的距离来计算移动的速度。幸运的是在Cocos2d 的版本中有一个开源类：CCJoyStick。我们这里就是使用 C++重新写了一下CCJoyStick类。下面看看这个类是如何实现的。

CCJoyStick 继承于 CCLayer，当单击触摸屏时，触发 CCTouchBegan 消息，使用containsTouchLocation 接口来判断是否单击在摇柄的位置。如果在摇柄的位置，这里会将view 坐标转化为世界坐标，然后调用接口 onTouchBegan，见代码清单5-6。

代码清单5-6　TouchBegan 函数

```cpp
bool CCJoyStick::ccTouchBegan(CCTouch *touch, CCEvent *event)
{
    if( !this->containsTouchLocation(touch))
    {
        return false;
    }
    CCPoint touchPoint = touch->locationInView();
    touchPoint =
        CCDirector::sharedDirector()->convertToGL(touchPoint);
    this->onTouchBegan(touchPoint);
    return true;
}
```

下面我们就来看看 onTouchBegan 函数是怎么实现的，见代码清单5-7。
```

代码清单 5-7 onTouchBegan 函数

```
void CCJoyStick::onTouchBegan(CCPoint touchPoint)
{
    currentPoint = touchPoint;
    isTouched=true;
    if(isAutoHide && isCanVisible){
      this->setVisible(true);
    }
    if(isFollowTouch){
      this->setPosition(touchPoint);
    }
    Ball->stopAllActions();
    this->updateTouchPoint(touchPoint);
    this->startTimer();
}
```

这里先对坐标进行保存。读者可能会对代码清单 5-7 中 Ball->stopAllActions()这句话感到疑惑，Ball 就是摇柄精灵，在单击时，Ball 就要立即移动到手指处，如果之前还在移动就需要终止之前的移动。然后我们使用了 updateTouchPoint 函数来进行更新基本数据，见代码清单 5-8。

代码清单 5-8 updateTouchPoint 函数

```
void CCJoyStick::updateTouchPoint(CCPoint touchPoint)
{
    CCPoint selfposition=this->getParent()
                        ->convertToWorldSpace(this->getPosition());
    If  (ccpDistance(touchPoint, ccp(selfposition.x,selfposition.y)) >
                                (MoveAreaRadius-BallRadius))
    {
        currentPoint =ccpAdd(ccp(0,0),ccpMult(ccpNormalize(ccpSub(ccp
    touchPoint.x-selfposition.x,touchPoint.y-selfposition.y),
                                cp(0,0))), MoveAreaRadius-BallRadius));
    }
    else
    {
        currentPoint = ccp(touchPoint.x-selfposition.x,touchPoint.y-selfposition.y);
    }
    Ball->setPosition(currentPoint);
    angle=atan2(Ball->getPosition().y-0, Ball->getPosition().x-0)/(3.14159/180);
```

```
power=ccpDistance(Ball->getPosition(),ccp(0,0))/(MoveAreaRadius-BallRadius);
direction=ccp(cos(angle * (3.14159/180)), sin(angle * (3.14159/180)));
}
```

我们看到 updateTouchPoint 主要做了 3 件事，设置了 Ball 的新位置，计算了英雄移动的速度即这里的 power，还有就是计算了英雄移动的角度即这里的 direction。读者可能还会问 startTimer 是干什么的，其实到这里应该也能够想得到了。没错！它就是用于和英雄时时联动的接口。具体是如何实现的，我们到实现游戏主体时再看。

4）地图关卡的实现

每个游戏都有它的关卡，每个游戏的实现方式也有所不同。这里采用最普遍的一种方式，每个关卡就是一个按钮，玩家单击按钮就进入到对应的游戏关卡中去。同时对游戏关卡进行加锁，只要玩家通过了前一关，新的关卡才会开放。地图关卡界面初始化 init 函数见代码清单 5-9。

代码清单 5-9　地图关卡界面初始化 init 函数

```
bool WorldMapLayer::init()
{
    ////////////////////////////
    // 1. super init first
    if ( !CCLayer::init() )
    {
        return false;
    }
    //初始化 9 个单击地图位置
    mapPositon = CCPointArray::create(9);
    mapPositon->addControlPoint(ccp(44, 133));
    mapPositon->addControlPoint(ccp(97.5, 156.5));
    mapPositon->addControlPoint(ccp(156, 157));
    mapPositon->retain();
    //声音预加载
    SimpleAudioEngine::sharedEngine()->preloadEffect("Cop2.mp3");
    SimpleAudioEngine::sharedEngine()->preloadEffect("Button1.mp3");
    SimpleAudioEngine::sharedEngine()->preloadEffect("Button2.mp3");

    //图片预加载
    CCSpriteFrameCache::sharedSpriteFrameCache()->addSpriteFramesWithFile("WorldMapSpriteFrame.plist");
```

```cpp
//map
m_pWorldMapSprite = CCSprite::spriteWithFile("worldMap.png");
m_pWorldMapSprite->setPosition(ccp(WINSIZE.width/2, WINSIZE.height/2));
this->addChild(m_pWorldMapSprite, 0);
this->scheduleOnce(schedule_selector(WorldMapLayer::mapMove), 0.5f);

//map 元素
//标签
m_pTitleSprite = CCSprite::spriteWithSpriteFrameName("MelakaTitle.png");
m_pTitleSprite->setPosition(ccp(97, 378));
this->addChild(m_pTitleSprite, 1);

//关卡
int iCurrentLevelMax = CCUserDefault::sharedUserDefault()->getIntegerForKey("GameLevel");
    for(int i = 1; i <= iCurrentLevelMax; i++)
    {
        char buffer[20];
        sprintf(buffer, "Map%dColor.png", i);
        CCSprite *levelColorSprite = CCSprite::spriteWithSpriteFrameName(buffer);
        sprintf(buffer, "Map%dClicked.png", i);
        CCSprite *levelClickedSprite = CCSprite::spriteWithSpriteFrameName(buffer);
        levelClickedSprite->setColor(ccGRAY);

        CCMenuItemSprite *menuItemSprite = CCMenuItemSprite::itemWithNormalSprite(levelColorSprite, levelClickedSprite, this, menu_selector(WorldMapLayer::playGame));
        menuItemSprite->setVisible(false);
        m_mapMenuItemArray.addObject(menuItemSprite);
        CCMenu *menuLevel = CCMenu::create(menuItemSprite, NULL);
        menuLevel->setPosition(mapPositon->getControlPointAtIndex(i - 1));
        this->addChild(menuLevel, 1);
    }
    // 关卡特效
    this->scheduleOnce(schedule_selector(WorldMapLayer::mapEffect), 2.0f);

//返回和商店选项
CCSprite *pBackSprite = CCSprite::spriteWithSpriteFrameName("HomeButton2.png");
CCSprite *pBackSprite1 = CCSprite::spriteWithSpriteFrameName("HomeButton2.png");
```

```cpp
    pBackSprite1->setColor(ccGRAY);
    CCMenuItemSprite *pBackMenuItem = CCMenuItemSprite::itemWithNormalSprite(pBackSprite,
pBackSprite1, this, menu_selector(WorldMapLayer::backScene));

    CCSprite *pStoreSprite = CCSprite::spriteWithSpriteFrameName("StoreButton.png");
    CCSprite *pStoreSprite1 = CCSprite::spriteWithSpriteFrameName("StoreButton.png");
    pStoreSprite1->setColor(ccGRAY);
    CCMenuItemSprite *pStoreMenuItem = CCMenuItemSprite::itemWithNormalSprite(pStoreSprite,
pStoreSprite1, this, menu_selector(WorldMapLayer::goToStore));
    CCMenu *backAndShopMenu = CCMenu::create(pBackMenuItem, pStoreMenuItem, NULL);
    backAndShopMenu->alignItemsHorizontally();
    backAndShopMenu->setScale(0.8);
    backAndShopMenu->setPosition(ccp(350, 10));
    this->addChild(backAndShopMenu, 1);

    this->scheduleUpdate();
    return true;
}
```

浏览代码清单 5-9 可以发现，它是一个 CCLayer 的子类，我们向其中添加了地图背景 m_pWorldMapSprite、地图标题 m_pTitleSprite，还添加了 2 个菜单，menuLevel 用于单击地图，pBackMenuItem 用于返回主页面。

现在可以大松一口气了，因为基本元素终于完成了。下面我们会学习如何实现游戏的主模块。

5. 游戏主模块的实现

主模块是通过继承自 CCLayer 类的 FightLayer 来实现的。在其初始化函数 init 里面，我们对声音进行了预加载，加载了精灵资源。初始化了刷出敌人时，敌人出现位置的引导头像。设置了游戏背景。这里游戏背景由 3 部分组成：最底层背景、栏杆背景和沙滩背景。为了营造出一种立体效果。当人物出现跑的动作时，离我们最远的背景（底层背景）是静止不动的，稍微近一点的背景（栏杆背景）移动较慢一些，沙滩背景离我们视角最近，当然移动是最快的。这也符合现实场景，越远的地方运动越小。

这里还增加了暂停和返回的菜单按钮，定义了一个指向箭头用于指导玩家移动方向。初始化摇杆、主角，添加主角的属性参数，初始化游戏结束画面。

我们通过调用 enemyInit 函数来初始化敌人。调用 scheduleUpdate 接口让程序不断 update 来刷新敌人，并来判断子弹于主角的碰撞监测。主体初始化见代码清单 5-10。

代码清单 5-10　主体初始化

```cpp
bool FightLayer::init()
{
    /////////////////////////////
    // 1. super init first
    if ( !CCLayer::init() )
    {
        return false;
    }

    //声音预加载
    SimpleAudioEngine::sharedEngine()->preloadEffect("attack_01.mp3");
    SimpleAudioEngine::sharedEngine()->preloadEffect("attack_02.mp3");
    SimpleAudioEngine::sharedEngine()->preloadEffect("attack_03.mp3");
    SimpleAudioEngine::sharedEngine()->preloadEffect("attack_04.mp3");
    SimpleAudioEngine::sharedEngine()->preloadEffect("Blood0.mp3");
    SimpleAudioEngine::sharedEngine()->preloadEffect("Blood1.mp3");
    SimpleAudioEngine::sharedEngine()->preloadEffect("maleDead1.mp3");
    SimpleAudioEngine::sharedEngine()->preloadEffect("maleDead3.mp3");
    SimpleAudioEngine::sharedEngine()->preloadEffect("JebatDie.mp3");
    SimpleAudioEngine::sharedEngine()->preloadEffect("femaleHurt2.mp3");
    SimpleAudioEngine::sharedEngine()->preloadEffect("femaleHurt3.mp3");
    SimpleAudioEngine::sharedEngine()->preloadEffect("JebatHurt.mp3");
    SimpleAudioEngine::sharedEngine()->preloadEffect("LongSword.mp3");
    SimpleAudioEngine::sharedEngine()->preloadEffect("ShortSword.mp3");
    SimpleAudioEngine::sharedEngine()->preloadEffect("PirateAttack.mp3");
    SimpleAudioEngine::sharedEngine()->preloadEffect("CoinPouch.mp3");
    SimpleAudioEngine::sharedEngine()->preloadEffect("bloodPickUp.wav");
    SimpleAudioEngine::sharedEngine()->preloadEffect("Potion.mp3");
    SimpleAudioEngine::sharedEngine()->preloadEffect("special-02.wav");
    SimpleAudioEngine::sharedEngine()->preloadEffect("LevelupEffect.wav");
    SimpleAudioEngine::sharedEngine()->preloadEffect("Boss1WarCry.mp3");
    SimpleAudioEngine::sharedEngine()->preloadEffect("bossDie.mp3");
    SimpleAudioEngine::sharedEngine()->preloadEffect("Button1.mp3");
    SimpleAudioEngine::sharedEngine()->preloadEffect("Button2.mp3");


    //图片预加载
    CCSpriteFrameCache::sharedSpriteFrameCache()
```

```
                              ->addSpriteFramesWithFile("HudLayerSpriteFrame.plist");
            CCSpriteFrameCache::sharedSpriteFrameCache()
                              ->addSpriteFramesWithFile("Map0Assets.plist");
            CCSpriteFrameCache::sharedSpriteFrameCache()
                                 ->addSpriteFramesWithFile("MainMenuSpriteFrame.plist");
            CCSpriteFrameCache::sharedSpriteFrameCache()
                                 ->addSpriteFramesWithFile("BerserkEvilEffect.plist");
            CCSpriteFrameCache::sharedSpriteFrameCache()
                                 ->addSpriteFramesWithFile("JebatSpriteFrame.plist");
            CCSpriteFrameCache::sharedSpriteFrameCache()->addSpriteFramesWithFile("Spear1.plist");
            CCSpriteFrameCache::sharedSpriteFrameCache()->addSpriteFramesWithFile("Gun1.plist");
            CCSpriteFrameCache::sharedSpriteFrameCache()->addSpriteFramesWithFile("Sword1.plist");
            CCSpriteFrameCache::sharedSpriteFrameCache()->addSpriteFramesWithFile("Boss1.plist");
            CCSpriteFrameCache::sharedSpriteFrameCache()
                                 ->addSpriteFramesWithFile("StoryLayer.plist");
            CCSpriteFrameCache::sharedSpriteFrameCache()
                                 ->addSpriteFramesWithFile("PopUpLayer.plist");
            CCSpriteFrameCache::sharedSpriteFrameCache()
                                 ->addSpriteFramesWithFile("JebatGameOver.plist");

            //第一关有三波敌人
            m_bFlag1 = false;

            //怪物头像提示
            CCSprite *enemyBackIcon1 = CCSprite::spriteWithSpriteFrameName("EnemyIcon.png");
            CCSprite *enemyBackIcon2 = CCSprite::spriteWithSpriteFrameName("EnemyIcon.png");
            CCSprite *enemyBackIcon3 = CCSprite::spriteWithSpriteFrameName("EnemyIcon.png");
            enemyBackIcon1->setPosition(ccp(20,162.5));
            enemyBackIcon2->setPosition(ccp(WINSIZE.width-20, 125));
            enemyBackIcon3->setPosition(ccp(WINSIZE.width-20, 87.5));
            enemyBackIcon1->setScale(0.6f);
            enemyBackIcon2->setScale(0.6f);
            enemyBackIcon3->setScale(0.6f);
            enemyBackIcon1->setVisible(false);
            enemyBackIcon2->setVisible(false);
            enemyBackIcon3->setVisible(false);
            this->addChild(enemyBackIcon1, flOrderEnemyIconBG, flTagEnemyIcon1);
            this->addChild(enemyBackIcon2, flOrderEnemyIconBG, flTagEnemyIcon2);
            this->addChild(enemyBackIcon3, flOrderEnemyIconBG, flTagEnemyIcon3);
            CCSprite *qiangbingIcon = CCSprite::spriteWithSpriteFrameName("Spear1Icon.png");
```

```cpp
CCSprite *daobingIcon = CCSprite::spriteWithSpriteFrameName("Sword1Icon.png");
CCSprite *nvbingIcon = CCSprite::spriteWithSpriteFrameName("Gun1Icon.png");
qiangbingIcon->setPosition(ccp(20,162.5));
qiangbingIcon->setFlipX(true);
daobingIcon->setPosition(ccp(WINSIZE.width-20, 125));
nvbingIcon->setPosition(ccp(WINSIZE.width-20, 87.5));
qiangbingIcon->setScale(0.6);
daobingIcon->setScale(0.6);
nvbingIcon->setScale(0.6);
qiangbingIcon->setVisible(false);
daobingIcon->setVisible(false);
nvbingIcon->setVisible(false);
this->addChild(qiangbingIcon, flOrderEnemyIcon, flTagPikemanIcon);
this->addChild(daobingIcon, flOrderEnemyIcon, flTagBroadswordIcon);
this->addChild(nvbingIcon, flOrderEnemyIcon, flTagWomenIcon);

//background
CCSprite *pBackgroundSprite = CCSprite::spriteWithSpriteFrameName("Background1.png");
CCSize backgroundSize = pBackgroundSprite->getContentSize();
pBackgroundSprite->setAnchorPoint(ccp(0, 0.5));
pBackgroundSprite->setPosition(ccp(0, backgroundSize.height/2));
this->addChild(pBackgroundSprite, flOrderBG);

//Rail
CCSprite *pRail1Sprite =
            CCSprite::spriteWithSpriteFrameName("BackgroundParallax0.png");
CCSize railSize = pRail1Sprite->getContentSize();
pRail1Sprite->setAnchorPoint(ccp(0, 0));
pRail1Sprite->setPosition(ccp(0, 50));
this->addChild(pRail1Sprite, flOrderRail1);
m_BGRailArray.addObject(pRail1Sprite);

CCSprite *pRail2Sprite =
            CCSprite::spriteWithSpriteFrameName("BackgroundParallax0.png");
pRail2Sprite->setAnchorPoint(ccp(0, 0));
pRail2Sprite->setPosition(ccp(railSize.width - 5, 50));
this->addChild(pRail2Sprite, flOrderRail2);
m_BGRailArray.addObject(pRail2Sprite);

CCSprite *pRail3Sprite =
```

```cpp
                        CCSprite::spriteWithSpriteFrameName("BackgroundParallax0.png");
pRail3Sprite->setAnchorPoint(ccp(0, 0));
pRail3Sprite->setPosition(ccp(railSize.width * 2 - 10, 50));
this->addChild(pRail3Sprite, flOrderRail3);
m_BGRailArray.addObject(pRail3Sprite);

//beach
CCSprite *pBeach1Sprite = CCSprite::spriteWithFile("beach.png");
CCSize beachSize = pBeach1Sprite->getContentSize();
pBeach1Sprite->setAnchorPoint(ccp(0, 0));
pBeach1Sprite->setPosition(ccp(0, 0));
pBeach1Sprite->getTexture()->setAliasTexParameters();
this->addChild(pBeach1Sprite, flOrderBeach1);
m_BGBeachArray.addObject(pBeach1Sprite);

CCSprite *pBeach2Sprite = CCSprite::spriteWithFile("beach.png");
pBeach2Sprite->setAnchorPoint(ccp(0, 0));
pBeach2Sprite->setPosition(ccp(beachSize.width - 5, 0));
pBeach2Sprite->getTexture()->setAliasTexParameters();
this->addChild(pBeach2Sprite, flOrderBeach2);
m_BGBeachArray.addObject(pBeach2Sprite);

CCSprite *pBeach3Sprite = CCSprite::spriteWithFile("beach.png");
pBeach3Sprite->setAnchorPoint(ccp(0, 0));
pBeach3Sprite->setPosition(ccp(beachSize.width * 2 - 10, 0));
pBeach3Sprite->getTexture()->setAliasTexParameters();
this->addChild(pBeach3Sprite, flOrderBeach3);
m_BGBeachArray.addObject(pBeach3Sprite);

//设置按钮
CCSprite *pPauseSprite1 = CCSprite::spriteWithSpriteFrameName("PauseButton.png");
CCSprite *pPauseSprite2 = CCSprite::spriteWithSpriteFrameName("PauseButton.png");
pPauseSprite2->setColor(ccGRAY);
CCMenuItemSprite *pPauseMenuItem = CCMenuItemSprite::itemWithNormalSprite(
                                   pPauseSprite1, pPauseSprite1, this,
                                   menu_selector(FightLayer::gamePause));

CCSprite *pBackSprite1 = CCSprite::spriteWithSpriteFrameName("HomeButton2.png");
CCSprite *pBackSprite2 = CCSprite::spriteWithSpriteFrameName("HomeButton2.png");
```

```cpp
pBackSprite2->setColor(ccGRAY);

CCMenuItemSprite *pBackMenuItem = CCMenuItemSprite::itemWithNormalSprite(
                        pBackSprite1, pBackSprite2, this,
                        menu_selector(FightLayer::gameBack));

CCMenu*pBackPauseMenu=CCMenu::menuWithItems(pPauseMenuItem,pBackMenuItem, NULL);
pBackPauseMenu->setScale(0.7);
pBackPauseMenu->alignItemsHorizontally();
pBackPauseMenu->setPosition(ccp(180, WINSIZE.height - 70));
this->addChild(pBackPauseMenu, flOrderBackPauseMenu, flTagBackPauseMenu);

//箭头
CCSprite *pIndicatorSprite = CCSprite::create("ArrowIndicator.png");
pIndicatorSprite->setPosition(ccp(WINSIZE.width - 20, WINSIZE.height/2 + 60));
pIndicatorSprite->setVisible(false);
this->addChild(pIndicatorSprite, flOrderIndicator, flTagIndicatorSprite);
CCBlink *pBlink = CCBlink::actionWithDuration(1, 1);
CCFiniteTimeAction* pSeqAction = CCSequence::create(pBlink, pBlink->reverse(), NULL);
pIndicatorSprite->runAction(CCRepeatForever::create((CCActionInterval*)pSeqAction));

//虚拟摇杆
m_pJoyStick = CCJoyStick::create();
m_pJoyStick->initWithCCJoyStick(10, 50, false, true, false, true);
m_pJoyStick->setDockTexture("ButtonDpad_Bg.png");
m_pJoyStick->setBallTexture("ButtonDpad_1Glow.png");
m_pJoyStick->setHitAreaWithRadius(100);
m_pJoyStick->setPosition(ccp(60,60));
m_pJoyStick->delegate = this;
this->addChild(m_pJoyStick, flOrderHRocker);


//主角头像
CCSprite *pHeroHeadSprite1 = CCSprite::spriteWithSpriteFrameName("AmokIcon.png");
CCSprite *pHeroHeadSprite2 = CCSprite::spriteWithSpriteFrameName("AmokIcon.png");
pHeroHeadSprite2->setColor(ccGRAY);
CCMenuItemSprite *pHeroHeadMenuItem = CCMenuItemSprite::itemWithNormalSprite(
                pHeroHeadSprite1, pHeroHeadSprite2, NULL, NULL);     //单击头像能狂暴
m_pHeroHeadMenu = CCMenu::menuWithItems(pHeroHeadMenuItem, NULL);
m_pHeroHeadMenu->setPosition(ccp(33, WINSIZE.height-40));
```

```cpp
this->addChild(m_pHeroHeadMenu, flOrderHeroHead);
m_pHeroHeadMenu->setEnabled(false);

//主角初始化
m_pHeroNode=HeroNode::getHeroNode("AMOK_JEBAT_stand_1.png", "AMOK_JEBAT_stand_");
m_pHeroNode->m_pHeroSprite =
                CCSprite::createWithSpriteFrameName("AMOK_JEBAT_stand_1.png");
m_pHeroNode->addChild(m_pHeroNode->m_pHeroSprite);
m_pHeroNode->m_pHeroSprite->setPosition(ccp(WINSIZE.width/2.0, WINSIZE.height/4.0));
CCAnimate* animate = ActionTool::animationWithFrame("AMOK_JEBAT_stand_",18, 0.1);
m_pHeroNode->m_pHeroSprite->runAction(CCRepeatForever::actionWithAction(animate))
                                        ->setTag(flTagHeroRunStatic);
this->addChild(m_pHeroNode, flOrderHeroNode);

//添加血条以及经验
m_pHeroNode->addHeroGrayBloodWithZorder(flOrderHeroGrayBloodBar);
m_pHeroNode->addHeroRedBloodWithZorder(flOrderHeroRedBloodBar);
m_pHeroNode->addHeroEXP_BarWithZorder(flOrderHeroExpBar);
m_pHeroNode->addHeroHPLabelWithZorder(flOrderHeroHPLabel1, flOrderHeroHPLabel2);

//设置技能栏
CCSprite *skill1Sprite1 = CCSprite::spriteWithSpriteFrameName("ButtonAttack_1.png");
CCSprite *skill1Sprite2 =
                CCSprite::spriteWithSpriteFrameName("ButtonAttack_1Glow.png");
CCMenuItemSprite *skillg1MenuItem = CCMenuItemSprite::itemWithNormalSprite(
                        skill1Sprite1, skill1Sprite2, this,
                        menu_selector(FightLayer::menuSkill1CallBack));

CCSprite *skill2Sprite1 = CCSprite::spriteWithSpriteFrameName("Power1Normal.png");
CCSprite *skill2Sprite2 = CCSprite::spriteWithSpriteFrameName("Power1Glow.png");
m_pSkillg2MenuItem = CCMenuItemSprite::itemWithNormalSprite(skill2Sprite1,
        skill2Sprite2, this, menu_selector(FightLayer::menuSkill2CallBack));

CCMenu *skills = CCMenu::menuWithItems(skillg1MenuItem,m_pSkillg2MenuItem, NULL);
skills->setScale(0.9);
skills->alignItemsHorizontally();
skills->setPosition(ccp(WINSIZE.width-130, 10));
addChild(skills ,flOrderSkillMenu);

//技能2进度条
```

```
CCProgressTimer *skill2Progress =
                CCProgressTimer::create(CCSprite::create("skill2gray.png"));
skill2Progress->setPosition (ccp(405.5, 29));
addChild(skill2Progress, flOrderSkillCDProTime, flTagSkill2ProTime);
skill2Progress->setPercentage(100);
skill2Progress->setReverseProgress(true);
this->schedule(schedule_selector(FightLayer::skill2CDProTime), 0.01);

//得分图标+分数
CCSprite *pCoinSprite = CCSprite::spriteWithSpriteFrameName("GameCoin.png");
pCoinSprite->setPosition (ccp(62, WINSIZE.height-15));
addChild(pCoinSprite, flOrderScoreCoin);
this->addChild(m_pHeroNode->m_pScoreLabel1, flOrderScoreCoin);
this->addChild(m_pHeroNode->m_pScoreLabel2, flOrderScoreCoin);

//等级 label+等级数值
//LvL 使用了 2 个颜色，黑色和黄色
CCLabelTTF *level1 = CCLabelTTF::create("LvL: " , "Thonburi",20);
level1->setColor(ccBLACK);
level1->setPosition (ccp(151, WINSIZE.height-17));
addChild(level1, flOrderHeroLevelLabel);
CCLabelTTF *level2 = CCLabelTTF::create("LvL: " , "Thonburi",20);
level2->setColor(ccc3(231, 186, 33));
level2->setPosition (ccp(150, WINSIZE.height-16));
addChild(level2, flOrderHeroLevelLabel);
this->addChild(m_pHeroNode->m_pLevelLabel1, flOrderHeroLevelLabel);
this->addChild(m_pHeroNode->m_pLevelLabel2, flOrderHeroLevelLabel);

//胜利界面初始化
winInterfaceInit();
failInterfaceInit();

//闯关胜利或失败深色背景
CCSprite *winOrFaildBlackScreen = CCSprite::spriteWithFile("blackScreen.png");
winOrFaildBlackScreen->setPosition(ccp(WINSIZE.width/2.0, WINSIZE.height/2.0));
winOrFaildBlackScreen->setVisible(false);
this->addChild(winOrFaildBlackScreen, flOrderDeepBlackScreen, flTagDeepBlackScreen);

//初始化敌人
enemyInit();
```

```
        this->scheduleUpdate();
        return true;
    }
```

一般需要在游戏循环的每帧中控制渲染和逻辑。在 Cocos2d-x 中已经不需要再控制渲染，可以根据游戏的需要加入每帧更新的逻辑函数，在初始化函数中调用 schedule update 函数，然后重写 update 函数便可以在游戏循环中控制逻辑。

本游戏需要在更新函数中做以下几件事：

- 刷出敌人；
- 主角与子弹的碰撞监测；
- 改变主角与敌人的层次。

Update 函数如代码清单 5-11 所示。

代码清单 5-11　update 函数

```cpp
void FightLayer::update(float delta)
{
    //第一波怪
    EnemyNode *qiangbing0 = (EnemyNode *)m_PikemanArray.objectAtIndex(0);
    EnemyNode *daobing0 = (EnemyNode *)m_BroadswordArray.objectAtIndex(0);
    EnemyNode *nvbing0 = (EnemyNode *)m_WomenArray.objectAtIndex(0);

    CCSprite *beach1 = (CCSprite *)m_BGBeachArray.objectAtIndex(0);

    //第一波兵进入屏幕内并且闪烁的箭头消失
    if (!qiangbing0->m_bIsDie && !daobing0->m_bIsDie && !nvbing0->m_bIsDie
        && beach1->getPosition().x <= -440 && !qiangbing0->m_pEnemySprite->isVisible()
        && !daobing0->m_pEnemySprite->isVisible() && !nvbing0->m_pEnemySprite->isVisible())
    {
        //锁屏
        m_bLockScreen = true;
        //怪物出现
        qiangbing0->m_pEnemySprite->setVisible(true);
        daobing0->m_pEnemySprite->setVisible(true);
        nvbing0->m_pEnemySprite->setVisible(true);
        this->scheduleOnce(schedule_selector(FightLayer::firstMonstersAppear), 2.0f);
```

```cpp
//前进箭头停止闪烁并消失
CCSprite *jiantou = (CCSprite*)this->getChildByTag(flTagIndicatorSprite);
jiantou->stopAllActions();
jiantou->setVisible(false);

//怪物图标
CCSprite *enemyBackIcon1 = (CCSprite*)this->getChildByTag(flTagEnemyIcon1);
CCSprite *enemyBackIcon2 = (CCSprite*)this->getChildByTag(flTagEnemyIcon2);
CCSprite *enemyBackIcon3 = (CCSprite*)this->getChildByTag(flTagEnemyIcon3);
CCSprite *qiangbingIcon = (CCSprite*)this->getChildByTag(flTagPikemanIcon);
CCSprite *daobingIcon = (CCSprite*)this->getChildByTag(flTagBroadswordIcon);
CCSprite *nvbingIcon = (CCSprite*)this->getChildByTag(flTagWomenIcon);
enemyBackIcon1->setVisible(true);
enemyBackIcon2->setVisible(true);
enemyBackIcon3->setVisible(true);
qiangbingIcon->setVisible(true);
daobingIcon->setVisible(true);
nvbingIcon->setVisible(true);
}

//子弹和hero碰撞检测
CCSprite *pEnemyBulletSprite = (CCSprite*)this->getChildByTag(flTagBullet);
If (pEnemyBulletSprite != NULL)
{
    CCPoint HeroPoint = m_pHeroNode->m_pHeroSprite->getPosition();
    CCPoint EnemyBulletPoint = pEnemyBulletSprite->getPosition();

    if (fabsf(HeroPoint.x - EnemyBulletPoint.x)<=5
        && EnemyBulletPoint.y - HeroPoint.y<=30 && EnemyBulletPoint.y>=HeroPoint.y
        && m_pHeroNode->m_iCurrentHp > 0)
    {
        pEnemyBulletSprite->removeFromParentAndCleanup(true);
            heroHurtByMonster(nvbing0);
    }
}

//第一波各角色zOrder改变，利用冒泡排序
if  (!qiangbing0->m_bIsDie||!daobing0->m_bIsDie||!nvbing0->m_bIsDie)
{
    CCArray jiaoses;
    jiaoses.addObject(m_pHeroNode);
```

```cpp
if(!qiangbing0->m_bIsDie)
    jiaoses.addObject(qiangbing0);
if(!daobing0->m_bIsDie)
    jiaoses.addObject(daobing0);
if(!nvbing0->m_bIsDie)
    jiaoses.addObject(nvbing0);

CCPointArray *coordinates = CCPointArray::arrayWithCapacity(jiaoses.count());
coordinates->addControlPoint(m_pHeroNode->m_pHeroSprite->getPosition());
for(int i = 1; i < jiaoses.count(); i++)
{
    EnemyNode *pEnemyNode = (EnemyNode *)jiaoses.objectAtIndex(i);
    coordinates->addControlPoint(pEnemyNode->m_pEnemySprite->getPosition());
}

int i,j;
CCPoint t1,t3;
CCNode * t2,*t4;
for (i = 0; i < jiaoses.count() - 1; i++)
    for (j = 0; j < jiaoses.count() - 1 -i; j++)
        if (coordinates->getControlPointAtIndex(j).y <
                        coordinates->getControlPointAtIndex(j+1).y)
        {
            t1 = coordinates->getControlPointAtIndex(j);
            t3 = coordinates->getControlPointAtIndex(j+1);
            coordinates->replaceControlPoint(t3, j);
            coordinates->replaceControlPoint(t1, j+1);

            t2 = (CCNode *)jiaoses.objectAtIndex(j);
            t4 = (CCNode *)jiaoses.objectAtIndex(j+1);
            jiaoses.replaceObjectAtIndex(j, t4);
            jiaoses.replaceObjectAtIndex(j+1, t2);
        }

for(int k = 0; k < jiaoses.count(); k++)
{
    this->reorderChild((CCNode*)jiaoses.objectAtIndex(k), flOrderHeroNode + k);
}
    }
  }
```

那主角受到攻击是怎样实现的呢？考虑这个问题时，我们需要要想一下敌人是否能够成功攻击到。比如有这样一种情况：敌人开始攻击，而主角跑出攻击范围。这样就会导致攻击失败，见代码清单 5-12。

代码清单 5-12　敌人攻击主角

```cpp
void FightLayer::mosterAttackHero(CCNode* sender)
{
    EnemyNode *pEnemyNode;
    for(int i = 0; i < m_PikemanArray.count(); i++)
    {
        if(sender == ((EnemyNode *)m_PikemanArray.objectAtIndex(i))->m_pEnemySprite)
        {
            pEnemyNode = (EnemyNode *)m_PikemanArray.objectAtIndex(i);
            break;
        }
    }
    for(int i = 0; i < m_WomenArray.count(); i++)
    {
        if(sender == ((EnemyNode *)m_WomenArray.objectAtIndex(i))->m_pEnemySprite)
        {
            pEnemyNode = (EnemyNode *)m_WomenArray.objectAtIndex(i);
            break;
        }
    }
    for(int i = 0; i < m_BroadswordArray.count(); i++)
    {
        if(sender == ((EnemyNode *)m_BroadswordArray.objectAtIndex(i))->m_pEnemySprite)
        {
            pEnemyNode = (EnemyNode *)m_BroadswordArray.objectAtIndex(i);
            break;
        }
    }

    SimpleAudioEngine::sharedEngine()->playEffect("LongSword.mp3");
    CCPoint HeroPoint = m_pHeroNode->m_pHeroSprite->getPosition();
    CCPoint EnemyPoint = pEnemyNode->m_pEnemySprite->getPosition();

    bool bHeroHurtByMonster = false;
    bool bMiss = false;
    int iMissLabel1PosX;
```

```cpp
int iMissLabel2PosX;

if(!pEnemyNode->m_pEnemySprite->isFlipX())
{
    if (m_pHeroNode->m_iCurrentHp > 0 && EnemyPoint.x - HeroPoint.x <= 100
            && EnemyPoint.x >= HeroPoint.x && fabs(EnemyPoint.y-HeroPoint.y)<=10)
        bHeroHurtByMonster = true;
    else
    {
        bMiss = true;
        iMissLabel1PosX = -49;
        iMissLabel2PosX = -50;
    }
}
else
{
    if (m_pHeroNode->m_iCurrentHp > 0 && HeroPoint.x - EnemyPoint.x<= 100
            && EnemyPoint.x <= HeroPoint.x && fabs(EnemyPoint.y-HeroPoint.y)<=10)
        bHeroHurtByMonster = true;
    else
    {
        bMiss = true;
        iMissLabel1PosX = 51;
        iMissLabel2PosX = 50;
    }
}

if(bHeroHurtByMonster && !bMiss)
    heroHurtByMonster(pEnemyNode);
if (bMiss && !bHeroHurtByMonster)
{
    //显示受到的伤害值
    CCLabelTTF *miss1 = CCLabelTTF::labelWithString("MISS! ","Marker Felt",20);
    miss1->setColor(ccBLACK);
    this->addChild(miss1, flOrderMissLabel);
    CCLabelTTF *miss2 = CCLabelTTF::labelWithString("MISS! ","Marker Felt",20);
    miss2->setColor(ccWHITE);
    this->addChild(miss2, flOrderMissLabel);

    miss1->setPosition(ccp(EnemyPoint.x+iMissLabel1PosX, EnemyPoint.y+1));
```

```cpp
        miss2->setPosition(ccp(EnemyPoint.x+iMissLabel2PosX, EnemyPoint.y));

        //actions
        CCMoveBy *up = CCMoveBy::actionWithDuration(1.0, ccp(0, 50));
        CCDelayTime *delay = CCDelayTime::actionWithDuration(0.5);
        CCFadeOut *fadeout = CCFadeOut::actionWithDuration(0.5);
        CCCallFuncN *dmgdelete =
CCCallFuncN::actionWithTarget(this,callfuncN_selector(FightLayer::dmgDelete));
        CCFiniteTimeAction *actions = CCSequence::actions(delay,fadeout,dmgdelete, NULL);
        miss1->runAction(up);
        miss1->runAction(actions);
        miss2->runAction((CCFiniteTimeAction*)up->copy());
        miss2->runAction((CCFiniteTimeAction*)actions->copy());
    }
}
```

查看代码清单 5-12，我们先通过 3 次 for 循环遍历出是哪个敌人攻击的。计算敌人和英雄之间的距离，判断是否攻击得到。如果攻击不到则出现 miss 动画，否则调取 heroHurtByMonster 接口，这时才是主角受伤害的动画。我们看一下 heroHurtByMonster 是怎么实现的，如代码清单 5-13 所示。

代码清单 5-13　主角受到攻击 heroHurtByMonster 函数

```cpp
void FightLayer::heroHurtByMonster(EnemyNode* monster)
{
    //生命值减少（包括进度和数值）
    int dmg = monster->m_iEnemyPower + arc4random()%(monster->m_iEnemyPower/10*2+1)
                - monster->m_iEnemyPower/10;//随机伤害值在基础攻击的 10%之间
    m_pHeroNode->m_iCurrentHp = m_pHeroNode->m_iCurrentHp - dmg;
    m_pHeroNode->m_pBloodProTime->setPercentage(
                1.0*m_pHeroNode->m_iCurrentHp/m_pHeroNode->m_iTotleHp*100);
    char buffer[50];
    if (m_pHeroNode->m_iCurrentHp > 0)
    {
        sprintf(buffer, "%d / %d", m_pHeroNode->m_iCurrentHp, m_pHeroNode->m_iTotleHp);
        m_pHeroNode->m_pBloodLabel1->setString(buffer);
        m_pHeroNode->m_pBloodLabel2->setString(buffer);

        m_pHeroNode->m_bIsAction = true;
        SimpleAudioEngine::sharedEngine()->playEffect("JebatHurt.mp3");
```

```cpp
        m_pHeroNode->m_pHeroSprite->stopAllActions();
        m_pHeroNode->m_bIsRunning = false;//收到攻击移动停止
        CCAnimate *hurtAnimate = ActionTool::animationWithFrame("AMOK_JEBAT_hurt_", 8, 0.1);
        m_pHeroNode->m_pHeroSprite->runAction(hurtAnimate);
        this->scheduleOnce(schedule_selector(FightLayer::skillActionDone), 0.8);
    }
    else //角色死亡
    {
        sprintf(buffer, "%d / %d", 0, m_pHeroNode->m_iTotleHp);
        m_pHeroNode->m_pBloodLabel1->setString(buffer);
        m_pHeroNode->m_pBloodLabel2->setString(buffer);

        SimpleAudioEngine::sharedEngine()->playEffect("JebatDie.mp3");

        //死亡动画帧
        m_pHeroNode->m_pHeroSprite->stopAllActions();
        CCAnimate *dieAnimate = ActionTool::animationWithFrame(
                            "AMOK_JEBAT_die_", 13, 13, 0.1);
        m_pHeroNode->m_pHeroSprite->runAction(dieAnimate);

        //卡帧优化，人物消失
        this->scheduleOnce(schedule_selector(FightLayer::heroDieWithOutKaZhen), 0);

        //游戏速度降慢
        CCDirector::sharedDirector()->getScheduler()->setTimeScale(0.5);
    }
    //显示受到的伤害值
    sprintf(buffer, "-%d", dmg);
    CCLabelTTF *dmg1 = CCLabelTTF::create(buffer, "Chalkboard SE", 20);
    dmg1->setColor(ccBLACK);
    this->addChild(dmg1, flOrderDmgLabel);

    CCLabelTTF *dmg2 = CCLabelTTF::create(buffer, "Chalkboard SE", 20);
    dmg1->setColor(ccc3(212, 95, 0));
    this->addChild(dmg2, flOrderDmgLabel);

    CCPoint HeroPoint = m_pHeroNode->m_pHeroSprite->getPosition();
    if (m_pHeroNode->m_pHeroSprite->isFlipX())
    {
```

```cpp
            dmg1->setPosition(ccp(HeroPoint.x + 21, HeroPoint.y + 51));
            dmg2->setPosition(ccp(HeroPoint.x + 20, HeroPoint.y + 50));
        }
        else
        {
            dmg1->setPosition(ccp(HeroPoint.x - 19, HeroPoint.y + 51));
            dmg2->setPosition(ccp(HeroPoint.x - 20, HeroPoint.y + 50));
        }
        //actions
        CCMoveBy *up = CCMoveBy::create(1.0,ccp(0, 50));
        CCDelayTime *delay = CCDelayTime::create(0.5);
        CCFadeOut *fadeout = CCFadeOut::create(0.5);
    CCCallFuncN *dmgdelete = CCCallFuncN::create(this,
                                            callfuncN_selector(FightLayer::dmgDelete));

        CCFiniteTimeAction *actionSequence = CCSequence::actions(
                                            delay, fadeout, dmgdelete, NULL);

        dmg1->runAction(up);
        dmg1->runAction(actionSequence);
        dmg2->runAction((CCMoveBy*)up->copy());
        dmg2->runAction((CCFiniteTimeAction *)actionSequence->copy());
    }
```

需要注意的是，主角被攻击有 2 种情况，死亡或者少血。这里先计算得到一个在基本攻击 10%内的随机伤害值。计算当前主角的血量是否满足此次攻击。不能满足即死亡，触发死亡动画，游戏结束。

了解了主角被攻击的实现后，再来看看主角是如何攻击的。因为主角有 2 种技能，这里以第 1 种为例。技能 1 回调函数 menuSkill1CallBack 见代码清单 5-14。

代码清单 5-14　回调函数 menuSkill1CallBack

```cpp
    void FightLayer::menuSkill1CallBack(CCObject* pSender)
    {
        if (!m_pHeroNode->m_bIsAction && m_pHeroNode->m_iCurrentHp > 0)
        {
            this->unschedule(schedule_selector(FightLayer::clearSkillAction));
            m_pHeroNode->m_iCurrentAction++;
            m_pHeroNode->m_bIsAction = true;
            if (m_pHeroNode->m_iCurrentAction == 1)
```

```
        {
            skillWithAnimation("AMOK_JEBAT_attack1_", 11, 0.04, "attack_01.mp3");
            this->scheduleOnce(schedule_selector(FightLayer::clearSkillAction), 1);
        }
        else if (m_pHeroNode->m_iCurrentAction == 2)
        {
            skillWithAnimation("AMOK_JEBAT_attack2_", 10, 0.04, ""attack_02.mp3");
            this->scheduleOnce(schedule_selector(FightLayer::clearSkillAction), 1);
        }
        else if (m_pHeroNode->m_iCurrentAction == 3)
        {
            skillWithAnimation("AMOK_JEBAT_attack3_", 10, 0.04, "attack_03.mp3");
            m_pHeroNode->m_iCurrentAction = 0;
        }
        //0.2 秒后执行判断技能攻击
        this->scheduleOnce(schedule_selector(FightLayer::setMonsterHurtBySkill1Index), 0.2);
    }
}
```

也许我们自己在玩其他人开发的游戏时已经注意到了：在按攻击按钮时，如果间隔时间过长，就会出现单一的攻击动作，反之是一系列连贯的动作。这里也是一样，使用了 3 个节点来判断用户单击的动作是这 3 个连贯性动作中的哪一个，然后在 0.2 秒后执行技能的攻击。

敌人被攻击的动画效果由函数 monsterHurtBySkill 实现。这里通过 for 循环轮询所有敌人。通过判断敌人是否在攻击范围内，觉得是否有被攻击动画。与主角被攻击一样，敌人被攻击也要判断是否死亡。是，那么敌人移除动作并出现死亡动画，主角增加钱币、金钱。反之，敌人出现受伤飙血动画。敌人被攻击 monsterHurtBySkill 见代码清单 5-15。

代码清单 5-15　敌人被攻击 monsterHurtBySkill

```
void FightLayer::monsterHurtBySkill(int iSkillIndex)
{
    //第一波
    EnemyNode *pEnemyNode;
    int i = 0;
    CCPoint HeroPoint = m_pHeroNode->m_pHeroSprite->getPosition();
    for(int i = 0; i < 3; i++)
    {
        if(i == 0)
```

```cpp
        pEnemyNode = (EnemyNode *)m_PikemanArray.objectAtIndex(0);
    else if(i == 1)
        pEnemyNode = (EnemyNode *)m_BroadswordArray.objectAtIndex(0);
    else
        pEnemyNode = (EnemyNode *)m_WomenArray.objectAtIndex(0);

    if(pEnemyNode->m_bIsDie)
        continue;

    CCPoint EnemyPoint = pEnemyNode->m_pEnemySprite->getPosition();
    //判断在一定范围内
    if ( ((fabs(HeroPoint.x - EnemyPoint.x) < 80
        && fabs(HeroPoint.y - EnemyPoint.y) < 10
        && !m_pHeroNode->m_pHeroSprite->isFlipX() && HeroPoint.x<EnemyPoint.x)
        ||
        (fabs(HeroPoint.x - EnemyPoint.x) < 80
        && fabs(HeroPoint.y - EnemyPoint.y) < 10 &&
        m_pHeroNode->m_pHeroSprite->isFlipX() && HeroPoint.x>EnemyPoint.x))
        && !pEnemyNode->m_bIsDie)
    {
        pEnemyNode->isNotBeingHurt = false;

        //生命值减少并且显示受到的伤害值
        monsterHurtWithSkillDamageDisplay(pEnemyNode, iSkillIndex);
        if(pEnemyNode->m_pEnemyBloodProTime->getPercentage() <= 0)
        {
            //怪物死亡
            SimpleAudioEngine::sharedEngine()->playEffect("maleDead3.mp3");

            if(pEnemyNode->m_iEnemyIndex == 0)
                this->unschedule(schedule_selector(
                    FightLayer::set_MosterFollowHeroParameter_ForPikeman));
            else if(pEnemyNode->m_iEnemyIndex == 1)
                this->unschedule(schedule_selector(
                    FightLayer::set_MosterFollowHeroParameter_ForWomen));
            else if(pEnemyNode->m_iEnemyIndex == 2)
                this->unschedule(schedule_selector(
                    FightLayer::set_MosterFollowHeroParameter_ForBroadsword));
```

```
pEnemyNode->m_pEnemySprite->unscheduleAllSelectors();
pEnemyNode->m_pEnemySprite->stopAllActions();
pEnemyNode->m_bIsDie = true;

if(iSkillIndex == 0 && pEnemyNode->m_pBloodSplashBySkill1 != NULL)
{
    pEnemyNode->m_pBloodSplashBySkill1->removeFromParentAndCleanup(true);
    pEnemyNode->m_pBloodSplashBySkill1 = NULL;
}
else if(iSkillIndex == 1 && pEnemyNode->m_pBloodSplashBySkill2 != NULL)
{
    pEnemyNode->m_pBloodSplashBySkill2->removeFromParentAndCleanup(true);
    pEnemyNode->m_pBloodSplashBySkill2 = NULL;
}

m_pHeroNode->m_iScore += 50;
m_pHeroNode->m_pScoreLabel1->setString(CCString::stringWithFormat("%d",
                    m_pHeroNode->m_iScore)->getCString());
m_pHeroNode->m_pScoreLabel2->setString(CCString::stringWithFormat("%d",
                    m_pHeroNode->m_iScore)->getCString());

pEnemyNode->m_pEnemyCoinSprite =
                    CCSprite::spriteWithSpriteFrameName("Coin_1.png");
pEnemyNode->m_pEnemyCoinSprite->setPosition(ccp(
                    pEnemyNode->m_pEnemySprite->getPosition().x,
                    pEnemyNode->m_pEnemySprite->getPosition().y + 50));

CCMoveBy *pMoveBy = CCMoveBy::create(1, ccp(0, 50));
CCAnimate *coinRotate = ActionTool::animationWithFrame("Coin_", 4, 0.05);
CCRepeatForever *coinRotates =
                    CCRepeatForever::actionWithAction(coinRotate);

CCCallFuncN *dmgdelete = CCCallFuncN::actionWithTarget(this,
            callfuncN_selector(FightLayer::coinSpriteDisappear));

pEnemyNode->m_pEnemyCoinSprite->runAction(
    (CCFiniteTimeAction*)CCSequence::actions(pMoveBy,dmgdelete, NULL));
```

```
        this->addChild(pEnemyNode->m_pEnemyCoinSprite, flOrderMosterCoin,
                                                      flTagMosterCoin);

        monsterDieClear(pEnemyNode);//卡帧优化，血条消失，人物消失

        //hero 经验条增加并且显示经验值
        heroGainExpWithMonster(pEnemyNode);
    }
    else
    {
        int musicNum = arc4random()%2;
        if (musicNum == 0)
            SimpleAudioEngine::sharedEngine()->playEffect("Blood0.mp3");
        else
            SimpleAudioEngine::sharedEngine()->playEffect("Blood1.mp3");

        //防止上次由溅血残留
        if(iSkillIndex == 0 && pEnemyNode->m_pBloodSplashBySkill1 != NULL)
        {
            pEnemyNode->m_pBloodSplashBySkill1->removeFromParentAndCleanup(true);
            pEnemyNode->m_pBloodSplashBySkill1 = NULL;
        }
        else if(iSkillIndex == 1 && pEnemyNode->m_pBloodSplashBySkill2 != NULL)
        {
            pEnemyNode->m_pBloodSplashBySkill2->removeFromParentAndCleanup(true);
            pEnemyNode->m_pBloodSplashBySkill2 = NULL;
        }
        pEnemyNode->m_pBloodSplashBySkill1 =
                        CCSprite::createWithSpriteFrameName("Blood1_1.png");
        pEnemyNode->m_pBloodSplashBySkill2 =
                        CCSprite::createWithSpriteFrameName("Blood1_2.png");

        if (m_pHeroNode->m_pHeroSprite->isFlipX())
        {
            pEnemyNode->m_pBloodSplashBySkill1->setFlipX(true);
            pEnemyNode->m_pBloodSplashBySkill1->setPosition(
                                ccp(EnemyPoint.x-20, EnemyPoint.y+20));

            pEnemyNode->m_pBloodSplashBySkill2->setFlipX(true);
```

```
                    pEnemyNode->m_pBloodSplashBySkill2->setPosition(
                                        ccp(EnemyPoint.x-20, EnemyPoint.y+20));
        }
        else
        {
            pEnemyNode->m_pBloodSplashBySkill1->setFlipX(false);
            pEnemyNode->m_pBloodSplashBySkill1->setPosition(
                                        ccp(EnemyPoint.x+20, EnemyPoint.y+20));

            pEnemyNode->m_pBloodSplashBySkill2->setFlipX(true);
            pEnemyNode->m_pBloodSplashBySkill2->setPosition(
                                        ccp(EnemyPoint.x-20, EnemyPoint.y+20));
        }
        this->addChild(pEnemyNode->m_pBloodSplashBySkill1, flOrderSplash);
        this->addChild(pEnemyNode->m_pBloodSplashBySkill2, flOrderSplash);


        CCAnimate *bloodSplash;
        if(iSkillIndex == 0)
        {
            pEnemyNode->m_pBloodSplashBySkill2->setVisible(false);
            bloodSplash = ActionTool::animationWithFrame("Blood1_", 9, 0.06);
        }
        else
        {
            pEnemyNode->m_pBloodSplashBySkill1->setVisible(false);
            bloodSplash = ActionTool::animationWithFrame("Blood2_", 9, 0.06);
        }
        CCCallFuncN *dmgdelete = CCCallFuncN::actionWithTarget(this,
                        callfuncN_selector(FightLayer::coinSpriteDisappear));

        pEnemyNode->m_pBloodSplashBySkill1->runAction(
                        CCSequence::create(bloodSplash,dmgdelete,NULL));
        monsterHurtAnimationAndClear(pEnemyNode);
    }
  }
}
```

代码清单 5-15 中函数 monsterHurtWithSkillDamageDisplay 也是需要我们注意的。它

的作用注释也已经写了,就是显示敌人生命值减少动画并且显示受到的伤害值,如代码清单 5-16 所示。

代码清单 5-16 敌人受伤害 monsterHurtWithSkillDamageDisplay

```cpp
void FightLayer::monsterHurtWithSkillDamageDisplay(EnemyNode* monster, int iSkillIndex)
{
    //随机伤害值在基础攻击 10%之间,并加上能力等级
    int iSkillPowerHurt = 0;
    if(iSkillIndex == 0)
        iSkillPowerHurt = m_pHeroNode->m_iSkill1PowerHurt;
    else if(iSkillIndex == 1)
        iSkillPowerHurt = m_pHeroNode->m_iSkill2PowerHurt;

    int dmgCommon = iSkillPowerHurt + arc4random()%(iSkillPowerHurt/10*2+1) – iSkillPowerHurt/10;

    int iLableFontSize = 20;

    int critNum = arc4random()%4;    //4 分之 1 的概率打出暴击
    if (critNum == 0)
    {
        dmgCommon = dmgCommon * 2;
        iLableFontSize = 40;
    }

    monster->m_iEnemyCurrentHp -= dmgCommon;

    monster->m_pEnemyBloodProTime->setPercentage(1.0*monster->m_iEnemyCurrentHp/monster->m_iEnemyTotleHp*100);

    char buffer[50];
    sprintf(buffer, "%d", dmgCommon);

    CCLabelTTF *dmg1 = CCLabelTTF::create(buffer, "Chalkboard SE", iLableFontSize);
    dmg1->setColor(ccBLACK);
    dmg1->setPosition(ccp(monster->m_pEnemySprite->getPosition().x+2, monster->m_pEnemySprite->getPosition().y+76));
    this->addChild(dmg1, flOrderDmgLabel);
```

```cpp
        CCLabelTTF *dmg2 = CCLabelTTF::create(buffer, "Chalkboard SE", iLableFontSize);
        dmg2->setColor(ccWHITE);
        dmg2->setPosition(ccp(monster->m_pEnemySprite->getPosition().x,
monster->m_pEnemySprite->getPosition().y+75));
        this->addChild(dmg2, flOrderDmgLabel);

        //action
        if (critNum == 0)
        {
            CCScaleTo *acs1 = CCScaleTo::actionWithDuration(0.05, 2.0);
            CCScaleTo *acs2 = CCScaleTo::actionWithDuration(0.05, 1.0);
            CCDelayTime *delay = CCDelayTime::actionWithDuration(0.4);
            CCFadeOut *fadeout = CCFadeOut::actionWithDuration(0.5);
            CCCallFuncN *dmgdelete = CCCallFuncN::actionWithTarget(this,
callfuncN_selector(FightLayer::dmgDelete));
            CCFiniteTimeAction *actionSequence =
CCSequence::actions(acs1,acs2,delay,fadeout,dmgdelete, NULL);

            dmg1->runAction(actionSequence);
            dmg2->runAction((CCFiniteTimeAction*)actionSequence->copy());
        }
        else
        {
            //action
            CCMoveBy *up = CCMoveBy::create(1.0,ccp(0, 50));
            CCDelayTime *delay = CCDelayTime::create(0.5);
            CCFadeOut *fadeout = CCFadeOut::create(0.5);
            CCCallFuncN *dmgdelete = CCCallFuncN::create(this,
callfuncN_selector(FightLayer::dmgDelete));

            CCFiniteTimeAction *actionSequence = CCSequence::actions(delay, fadeout, dmgdelete,
NULL);

            dmg1->runAction(up);
            dmg1->runAction(actionSequence);
            dmg2->runAction((CCMoveBy*)up->copy());
            dmg2->runAction((CCFiniteTimeAction *)actionSequence->copy());
        }
    }
```

到目前为止，游戏主体已经基本实现。还记得之前我们说过的虚拟摇杆吗？我们再看看它是怎么实现的。事实上，摇杆联动很简单，只是通过移动背景图片来给玩家造成一种错觉而已。摇杆联动 onCCJoyStickUpdate 函数见代码清单 5-17。

代码清单 5-17　摇杆联动 onCCJoyStickUpdate 函数

```cpp
void FightLayer::onCCJoyStickUpdate(CCNode* sender, float angle, CCPoint direction, float power)
{
    if (sender==m_pJoyStick && m_pHeroNode->m_iCurrentHp > 0 && !m_pHeroNode->m_bIsAction)
    {
        CCSprite *pRail1Sprite = (CCSprite *)m_BGRailArray.objectAtIndex(0);
        CCSprite *pRail2Sprite = (CCSprite *)m_BGRailArray.objectAtIndex(1);
        CCSprite *pRail3Sprite = (CCSprite *)m_BGRailArray.objectAtIndex(2);

        CCSprite *pBeach1Sprite = (CCSprite *)m_BGBeachArray.objectAtIndex(0);
        CCSprite *pBeach2Sprite = (CCSprite *)m_BGBeachArray.objectAtIndex(1);
        CCSprite *pBeach3Sprite = (CCSprite *)m_BGBeachArray.objectAtIndex(2);

        CCSize RailSize = pRail1Sprite->getContentSize();
        CCSize BeachSize = pBeach1Sprite->getContentSize();
        if (!m_pHeroNode->m_bIsRunning)
        {
            //hero 执行"跑"动作
            m_pHeroNode->m_pHeroSprite->stopAllActions();
            m_pHeroNode->m_bIsRunning = true;
            CCAnimate *run = ActionTool::animationWithFrame("AMOK_JEBAT_run_", 18, 0.04);
            CCRepeatForever *runs = CCRepeatForever::actionWithAction(run);
            m_pHeroNode->m_pHeroSprite->runAction(runs)->setTag(flTagHeroRunAction);
        }

        if (!m_bLockScreen) //放技能时屏幕不滚屏
        {
            //角色移动
            CCPoint currentHeroPoint = m_pHeroNode->m_pHeroSprite->getPosition();
            m_pHeroNode->m_pHeroSprite->setPosition(ccp(currentHeroPoint.x,
                                        currentHeroPoint.y + direction.y * power * 2));
            currentHeroPoint = m_pHeroNode->m_pHeroSprite->getPosition();
            //限制 hero 的 y 轴坐标范围
            if (currentHeroPoint.y >= 142.5)
            {
                m_pHeroNode->m_pHeroSprite->setPosition(ccp(currentHeroPoint.x, 142.5));
            }
```

```cpp
if (currentHeroPoint.y <= 30)
{
    m_pHeroNode->m_pHeroSprite->setPosition(ccp(currentHeroPoint.x, 30));
}

//背景移动
pRail1Sprite->setPosition(ccp(pRail1Sprite->getPosition().x-
                      direction.x * power * 1, pRail1Sprite->getPosition().y));
pRail2Sprite->setPosition(ccp(pRail2Sprite->getPosition().x-
                      direction.x * power * 1, pRail2Sprite->getPosition().y));
pRail3Sprite->setPosition(ccp(pRail3Sprite->getPosition().x-
                      direction.x * power * 1, pRail3Sprite->getPosition().y));
pBeach1Sprite->setPosition(ccp(pBeach1Sprite->getPosition().x-
                      direction.x * power * 4, pBeach1Sprite->getPosition().y));
pBeach2Sprite->setPosition(ccp(pBeach2Sprite->getPosition().x-
                      direction.x * power * 4, pBeach2Sprite->getPosition().y));
pBeach3Sprite->setPosition(ccp(pBeach3Sprite->getPosition().x-
                      direction.x * power * 4, pBeach3Sprite->getPosition().y));

//背景根据要求进行放置
if (angle <= -90||angle >= 90)
{
    m_pHeroNode->m_pHeroSprite->setFlipX(true);
    if (pBeach2Sprite->getPosition().x >= 0 && pBeach3Sprite->getPosition().x >= 0
        && pBeach3Sprite->getPosition().x > pBeach2Sprite->getPosition().x
        && pBeach2Sprite->getPosition().x <=4.1)   //因为 direction.x * (power*4)的值
最大为 4，所以为了肯定能执行这个 if 语句，要大于 4，这里取 4.1
    {
        pBeach3Sprite->setPosition(ccp(-BeachSize.width + 5, 0));
        pBeach2Sprite->setPosition(ccp(0, 0));//滚屏进一步优化
        this->reorderChild(pBeach2Sprite, flOrderBeach3);
        this->reorderChild(pBeach3Sprite, flOrderBeach2);
    }

    if (pBeach2Sprite->getPosition().x >= 0 && pBeach3Sprite->getPosition().x >= 0
        && pBeach3Sprite->getPosition().x < pBeach2Sprite->getPosition().x)
    {
        pBeach2Sprite->setPosition(ccp(-BeachSize.width + 5, 0));
        pBeach3Sprite->setPosition(ccp(0, 0));//滚屏进一步优化
        this->reorderChild(pBeach2Sprite, flOrderBeach2);
        this->reorderChild(pBeach3Sprite, flOrderBeach3);
    }
```

```cpp
        if (pRail2Sprite->getPosition().x >= 0 && pRail3Sprite->getPosition().x >= 0
            && pRail3Sprite->getPosition().x > pRail2Sprite->getPosition().x)
        {
            pRail3Sprite->setPosition(ccp(-RailSize.width + 5, 50));
        }

        if (pRail2Sprite->getPosition().x >= 0 && pRail3Sprite->getPosition().x >= 0
            && pRail3Sprite->getPosition().x < pRail2Sprite->getPosition().x)
        {
            pRail2Sprite->setPosition(ccp(-RailSize.width + 5, 50));
        }
    }
    else
    {
        m_pHeroNode->m_pHeroSprite->setFlipX(false);
        if (pBeach2Sprite->getPosition().x <= (WINSIZE.width - BeachSize.width)
            && pBeach3Sprite->getPosition().x <= (WINSIZE.width - BeachSize.width)
            && pBeach3Sprite->getPosition().x > pBeach2Sprite->getPosition().x)
        {
            pBeach2Sprite->setPosition (ccp (WINSIZE. width - 5, 0));
            pBeach3Sprite->setPosition (ccp (WINSIZE. width - BeachSize.width, 0));   //滚屏
                进一步优化
            this->reorderChild(pBeach2Sprite, flOrderBeach3);
            this->reorderChild(pBeach3Sprite, flOrderBeach2);
        }

        if (pBeach2Sprite->getPosition().x <= (WINSIZE.width - BeachSize.width)
            && pBeach3Sprite->getPosition().x <= (WINSIZE.width - BeachSize.width)
            && pBeach3Sprite->getPosition().x < pBeach2Sprite->getPosition().x)
        {
            pBeach3Sprite->setPosition (ccp (WINSIZE.width - 5, 0));
            pBeach2Sprite->setPosition (ccp (WINSIZE.width - BeachSize.width, 0));   //滚屏
                进一步优化
            this->reorderChild(pBeach2Sprite, flOrderBeach2);
            this->reorderChild(pBeach3Sprite, flOrderBeach3);
        }

        if (pRail2Sprite->getPosition().x <= (WINSIZE.width - RailSize.width)
            && pRail3Sprite->getPosition().x <= (WINSIZE.width - RailSize.width)
            && pRail2Sprite->getPosition().x < pRail3Sprite->getPosition().x)
        {
```

```cpp
                    pRail2Sprite->setPosition(ccp(WINSIZE.width - 5, 50));
            }

                if (pRail2Sprite->getPosition().x <= (WINSIZE.width - RailSize.width)
                    && pRail3Sprite->getPosition().x <= (WINSIZE.width - RailSize.width)
                    && pRail2Sprite->getPosition().x > pRail3Sprite->getPosition().x)
            {
                    pRail3Sprite->setPosition(ccp(WINSIZE.width - 5, 50));
            }
        }

        //只能往一边走
        if (pRail1Sprite->getPosition().x >= 0)
        {
            pBeach1Sprite->setPosition(ccp(0, 0));
            pBeach2Sprite->setPosition(ccp(BeachSize.width-5, 0));
            pBeach3Sprite->setPosition(ccp(BeachSize.width * 2 - 10, 0));

            pRail1Sprite->setPosition(ccp(0, 50));
            pRail2Sprite->setPosition(ccp(RailSize.width-5, 50));
            pRail3Sprite->setPosition(ccp(RailSize.width * 2 - 10, 50));
        }
    }
    else if (m_bLockScreen)
    {
        if (angle <= -90||angle >= 90)
        {
            m_pHeroNode->m_pHeroSprite->setFlipX(true);
        }
        else
        {
            m_pHeroNode->m_pHeroSprite->setFlipX(false);
        }

        //hero 移动并限制移动范围
        CCPoint heroPoint = m_pHeroNode->m_pHeroSprite->getPosition();
        m_pHeroNode->m_pHeroSprite->setPosition(ccp(heroPoint.x + direction.x * (power*4),
                                        heroPoint.y + direction.y * (power*2)));
        if (m_pHeroNode->m_pHeroSprite->getPosition().y >= 142.5)
        {
            m_pHeroNode->m_pHeroSprite->setPosition(ccp
                            (m_pHeroNode->m_pHeroSprite->getPosition().x, 142.5));
```

```
        }
        if (m_pHeroNode->m_pHeroSprite->getPosition().y <= 30)
        {
            m_pHeroNode->m_pHeroSprite->setPosition(ccp(
                            m_pHeroNode->m_pHeroSprite->getPosition().x, 30));
        }
        if (m_pHeroNode->m_pHeroSprite->getPosition().x >= WINSIZE.width - 20)
        {
            m_pHeroNode->m_pHeroSprite->setPosition(ccp(
                    WINSIZE.width - 20, m_pHeroNode->m_pHeroSprite->getPosition().y));
        }
        if (m_pHeroNode->m_pHeroSprite->getPosition().x <= 20)
        {
            m_pHeroNode->m_pHeroSprite->setPosition(ccp(20,
                            m_pHeroNode->m_pHeroSprite->getPosition().y));
        }
    }
  }
}
```

6．游戏主菜单的实现

游戏的界面制作相对于主游戏的制作来说要简单一些，只需把界面控件加入布景层中，然后设置按钮回调函数就可以了。界面初始化 init 函数见代码清单 5-18。

代码清单 5-18　界面初始化 init 函数

```
bool StartLayer::init()
{
    //////////////////////////////
    // 1. super init first
    if ( !CCLayer::init() )
    {
        return false;
    }

    //音效预加载
    SimpleAudioEngine::sharedEngine()->preloadEffect("thunder_1.wav");
    SimpleAudioEngine::sharedEngine()->preloadEffect("Cop1.mp3");
    SimpleAudioEngine::sharedEngine()->preloadEffect("ButtonToggle1.mp3");
    SimpleAudioEngine::sharedEngine()->preloadEffect("Button2.mp3");

    //背景音乐
```

```cpp
SimpleAudioEngine::sharedEngine()->playBackgroundMusic("BGM1.mp3", true);
SimpleAudioEngine::sharedEngine()->setBackgroundMusicVolume(0.5f);

//人物背景

CCSpriteFrameCache::sharedSpriteFrameCache()->addSpriteFramesWithFile("Backgroundxx.plist");
    CCSprite *backgroundSprite = CCSprite::spriteWithSpriteFrameName("Backgroundxx.png");
    CCSize backgroundSize = backgroundSprite->getContentSize();
    backgroundSprite->setPosition(ccp(WINSIZE.width * 0.5f, WINSIZE.height – backgroundSize.height * 0.5f));
    this->addChild(backgroundSprite, -1, slTagBG);

//人物 Logo

CCSpriteFrameCache::sharedSpriteFrameCache()->addSpriteFramesWithFile("MainMenuSpriteFrame.plist");
    CCSprite *heroSprite = CCSprite:: spriteWithSpriteFrameName("JebatMenu.png");
    heroSprite->setPosition(ccp(WINSIZE.width * 0.5f + 20, WINSIZE.height / 2.0 ));
    this->addChild(heroSprite, 1, slTagHero);
    CCSprite *logoSprite = CCSprite:: spriteWithSpriteFrameName("AmokLogo.png");
    logoSprite->setPosition(ccp(95 , WINSIZE.height - 70));
    logoSprite->setVisible(false);
    this->addChild(logoSprite, 1, slTagLogo);

//主选项
    CCSprite *playSprite1 = CCSprite::spriteWithSpriteFrameName("PlayButton.png");
    CCSprite *playSprite2 = CCSprite::spriteWithSpriteFrameName("PlayButton.png");

//单击后颜色变灰色
    playSprite2->setColor(ccGRAY);

    m_pPlayMenuItem = CCMenuItemSprite::create(playSprite1, playSprite2, this, menu_selector(StartLayer::StartLayer::playFunc));
    CCMenu *playItem = CCMenu::create(m_pPlayMenuItem, NULL);
    playItem->setPosition(ccp(20, WINSIZE.height/4.0 - 20));
    playItem->setScale(0.7);
    this->addChild(playItem, 1);

    //设置各种参数
    if (CCUserDefault::sharedUserDefault()->getIntegerForKey("HeroTotalExp") == 0)
    {
        CCUserDefault::sharedUserDefault()->setIntegerForKey("GameLevel", 1);//当前关卡可
```

以玩几关
```
        CCUserDefault::sharedUserDefault()->setIntegerForKey("HeroLevel", 1);//英雄等级
        CCUserDefault::sharedUserDefault()->setIntegerForKey("HeroCoin", 300);//金币
        CCUserDefault::sharedUserDefault()->setIntegerForKey("HeroBloodVial", 0);
//血瓶数量
        CCUserDefault::sharedUserDefault()->setIntegerForKey("HeroSkill1Power", 100);
//技能 1 伤害值
        CCUserDefault::sharedUserDefault()->setIntegerForKey("HeroSkill2Power", 200);
//技能 2 伤害值
        CCUserDefault::sharedUserDefault()->setIntegerForKey("HeroTotalHp", 550);//总血量
        CCUserDefault::sharedUserDefault()->setIntegerForKey("HeroCurrentExp", 0);
//当前经验
        CCUserDefault::sharedUserDefault()->setIntegerForKey("HeroTotalExp", 150);
//每一级的总经验
        CCUserDefault::sharedUserDefault()->setIntegerForKey("HeroAbilityLevel", 0);
//英雄能力等级

        CCUserDefault::sharedUserDefault()->flush();
    }
    return true;
}
```

5.2 跑酷类游戏

跑酷类游戏也是最近比较热门的游戏，在各种游戏平台上也都有非常经典的游戏作品，该类游戏具有的特点如下。

滚动的背景：因为玩家的主角一直控制在屏幕范围内，所以让玩家感觉到"移动"的方式就是背景的前后移动。可以使用缓冲背景并移动的方式来达到滚动的效果。

主角：由玩家控制的对象，玩家控制它的移动，在有按键的平台上通过按键来控制，在触摸平台上通过玩家来移动主角，包括控制玩家移动、跳跃等。

处理碰撞对象：包括障碍物和金币等对象。

1．游戏框架和界面

主菜单界面、关卡菜单界面、主游戏界面、主游戏结束界面如图 5-6、图 5-7、图 5-8、图 5-9 所示。

图 5-6 主菜单界面

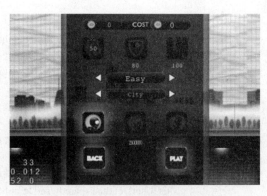

图 5-7 关卡菜单界面

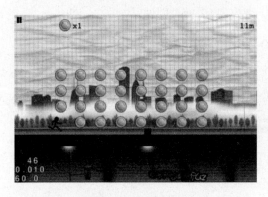

图 5-8 主游戏界面

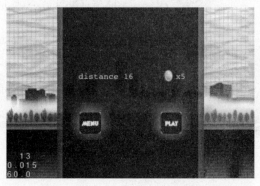

图 5-9 主游戏结束界面

2. 主游戏模块组成元素的实现

1）菜单场景制作

现在我们要开始制作一款令人兴奋的跑酷游戏了，首先要做的是启动菜单场景，如图 5-10 所示。

另外，这里会演示上一章学到的纹理贴图集和精灵批量处理的知识。本游戏图形将被包含在一个纹理贴图集中。

2）视差滚屏

之前提到了 CCParallaxNode 不适用于生成无限滚屏效果。在这个跑酷游戏中笔者将使用多张图片以首尾拼接循环的方式生成无限滚屏的效果。

首先展示制作视差滚屏的纹理贴图。图 5-11 展示了在 TexturePacker 中制作的视差滚屏贴图集。

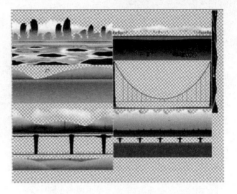

图 5-10　启动菜单场景　　　　　　　　图 5-11　视差滚屏贴图集

把每个条纹放到单独的层中，只需要生成一个文件就可以把各个层保存为单独的图片。所有这些单独的条纹文件都是 480×320 像素的，乍看起来很浪费，但是并不是要把这些单独的文件加载到游戏中去，而是要把它们放到纹理贴图集中去。因为 TexturePacker 可以移除每个图片的透明部分，所以它会把这些条纹图片的透明部分尽量清理掉。

注意：设计的背景图片是普通 iPhone 的屏幕尺寸——480×320 像素。如果要支持 iPad 屏幕和 iPhone 的视网膜屏幕，则需要制作相应大小的背景图片。

把各个条纹分成单独的文件不光可以单独控制它们的 z-order 值，还可以节省贴图空间。严格来说，spriteSheetCity1.png 和 spriteSheetCity2.png 可以放在同一张图片里，因为它们一个在背景的顶部，一个在背景的底部，并不会重叠。但是笔者还是把它们分开存放了。因为如果不分开存放，由于它们一个在上，一个在下，TexturePacker 就不能清除它们之间存在的大块空间，它们在纹理贴图集中的尺寸就还是原来的 480×320，从而造成贴图空间的浪费。

把条纹分开保存成单独的文件还可以保持较高的帧率。iOS 设备的填充率（fill rate）很低，也就是它们每一帧可以绘制的像素数量很有限。因为图片经常会相互叠加在一起，iOS 设备就经常需要在同一帧里绘制相同的像素好几遍。最极端的情况是两张全屏的图片叠加在一起，虽然在同一时间里只能看到其中一张图片，但是设备还是会绘制两张图片。这在技术上叫做"全景渲染造成的浪费"（overdraw）。将背景图分成单独的条纹图片，同时这些图片之间很少重叠，这样可以有效降低重复绘制的像素，从而提高帧率。

3）在代码中重建背景

读者可能担心只有一张宽度为 480 的图片怎么可能做出无限循环的背景出来。如果读者刚刚接触视差滚屏，那笔者可以非常高兴地告诉你猜对了，笔者无法用一张长度为 480 的图片制作出无限滚屏的效果（起码到目前为止所接触的知识点是做不到这点的）。

让我们看一下在 Run 项目中新加的 BackGround 节点，它的头文件很简单，见代码清单 5-19。

代码清单 5-19　BackGround 类

```cpp
#ifndef __Run__BackGround__
#define __Run__BackGround__

#include <iostream>
#include "cocos2d.h"

using namespace cocos2d;
class BackGround:public CCLayer
{
public:
    CCArray *array;
    CCSize screenSize;
    CCSprite *bg1;
    CCSprite *bg2;
    CCSprite *bglow1;
    CCSprite *bglow2;
    CCSprite *line;
    bool init();
    CREATE_FUNC(BackGround);
private:
    void updateTime();
    void addCloud();
    void delect(CCSprite *spr);
    void arrayAddBG();
    void cityGround();
    void bridgeGround();
    void alpsGround();
    void desertGround();
    void fireGround();
    void update(float deltaTime);
};
#endif
```

这里使用了 1 张图片生成 2 张纹理贴图的方式，如果在每一帧中都这样做，就可以省下很多纹理贴图内存！要知道 Cocos2d-x 有将近 90%的内存都为纹理贴图服务。当然，如果需要加载上百张的图片，这种方式就不太合适了，这时内存是省了，但是苦了 CPU，CPU 需要耗费更多处理周期去处理原本不需要处理的东西！而且玩家最讨厌等待了，起码笔者就是！

在 BackGround 类中的 cityGround 方法中，我们用一张贴图重复生成了两个精灵。为什么要这样做？记不记得之前说过笔者是通过两张图片首尾连接的方式生成无限视差滚屏的，神奇的地方就在这条语句中 bglow2->setFlipX(true)。运行之后你会发现第二个精灵的贴图竟然水平翻转了！和之前的精灵贴图做拼接，就可以非常平滑地过渡了。

代码清单 5-20 展示的代码是用于生成静态背景层的。

代码清单 5-20　生成静态背景层 cityGround 函数

```
void BackGround::cityGround()
{
    line->setPosition(ccp(screenSize.width * 0.5, screenSize.height*0.25));
    GameState::sharedGameState()->liney = screenSize.height * 0.25;
    GameState::sharedGameState()->saveState();
    bglow1 = CCSprite::createWithSpriteFrameName("spriteSheetCity1.png");
    bglow1->setPosition(ccp(screenSize.width * 0.5, screenSize.height/3));
    this->addChild(bglow1, 0);

    bglow2 = CCSprite::createWithSpriteFrameName("spriteSheetCity1.png");
    bglow2->setPosition(ccp(screenSize.width * 0.5 + screenSize.width - 1,
                                                    screenSize.height / 3));
    bglow2->setFlipX(true);
    this->addChild(bglow2, 0);

    bg1 = CCSprite::createWithSpriteFrameName("spriteSheetCity2.png");
    bg1->setPosition(ccp(screenSize.width * 0.5, screenSize.height / 6 - 20));
    this->addChild(bg1 ,1);

    bg2 = CCSprite::createWithSpriteFrameName("spriteSheetCity2.png"");
    bg2->setPosition(ccp(screenSize.width * 0.5 +screenSize.width - 1,
                                                    screenSize.height/6 - 20));
    bg2->setFlipX(true);
    this->addChild(bg2, 1);
    this->arrayAddBG();
}
```

当然，如果要制作一个 iPad 版本，这些图片就不适用了，因为它们是为 480×320 像素的屏幕设计的。可以使用上述步骤生成适用于 iPad 屏幕的背景，唯一需要做的是制作 1024×768 像素的图片。

技巧：在 Cocos2d-x 里重建背景很简单，这都归功于 TexturePacker 保存了图片之间的位移信息。也可以用相同的方法设计游戏屏幕的布局。可以请设计师把每个屏幕上的元素设计成独立的层，然后将每一层导出为一个单独的整屏尺寸的图片（带透明背景信息的）。接着，用这些文件生成一个纹理贴图集，然后在 Cocos2d-x 中应用这个纹理贴图集来重建设计师的设计。这样既不必手动地放置单独的文件，也不会浪费内存。

因为 BackGround 这个类继承自 CCLayer，所以需要通过以下代码将 BackGround 的实例对象添加到 MenuScene 层当中，如代码清单 5-21 所示。

代码清单 5-21　添加 BackGround 的实例对象

```
BackGround* background=BackGround::create();
this->addChild(background, -1);
```

4）移动 ParallaxBackground

之前我们已经在项目中添加了背景图片，但是视差滚屏的功能还并不具备，不过快接近想要的效果了。

代码清单 5-22 展示的代码用于生成无限滚屏。

代码清单 5-22　无限滚屏

```
void BackGround::update(float deltaTime)
{
    for (int i = 0; i < array->count(); ++i)
    {
        CCSprite *sprite = (CCSprite *)array->objectAtIndex(i);
        CCPoint pos = sprite->getPosition();
        if(i < 2)
        {
            pos.x -= deltaTime * 5.f;
            if(pos.x < -screenSize.width * 0.5)
            {
                pos.x = screenSize.width + screenSize.width * 0.5 - 2;
            }
        }
        if(i>=2 && i<4)
        {
            pos.x -= deltaTime * 40;
            if (pos.x < -screenSize.width * 0.5)
            {
                pos.x = screenSize.width + screenSize.width * 0.5 - 2;
```

```
                }
            }
            if (i>=4 && i<array->count())
            {
                pos.x -= deltaTime * 10;
                if(pos.x < -screenSize.width * 0.5)
                {
                    pos.x = screenSize.width + screenSize.width * 0.5 - 2;
                }
            }
            sprite->setPosition(pos);
        }
    }
```

每一个条纹背景图片的 X 轴位置的值在每一帧调用更新方法时都会被减去一些，使它们从右向左移动。移动的多少取决于预先定义的速度系数（滚动速度）变量乘上 deltaTime 这个值，可以让滚动的速度独立于帧率。因为 deltaTime 只是两次调用更新方法之间所经过的时间，比如当前的帧率是 60 帧每秒，那么 deltaTime 就等于 1/60 秒，也就是 0.167 秒，乘上这样的值后图片就会运动得很慢。

在图 5-12 中，可以看到哪个条纹应用了哪个速度。拥有高速度值的条纹移动的快一些，这样就创造出了视差效果。

图 5-12　背景条纹移动

5）消除闪烁

到目前为止一切顺利。现在只剩下一个问题。如果仔细看，会注意到背景图片上会时不时出现一条纵向的黑色线条。出现线条的地方就是两个背景图片左右相接的地方。出现线条的原因是计算两个图片位置时出现的四舍五入误差。时不时屏幕上会出现 1 个像素大小的小缝，虽然只出现不到一秒钟的时间，但是对于一个拥有商业品质的游戏来说，我们一定要去掉它。

最简单的办法是让左右相接的背景图片有 1 个像素的重叠。在 ScrollingWithJoy04 项目中，通过将水平翻转过的背景图片的 X 位置值减去 1 来改变它的起始位置，如代码清单 5-23 所示。

代码清单 5-23 消除闪烁

```
bglow2->setPosition(ccp(screenSize.width * 0.5 + screenSize.width - 1,
                         screenSize.height / 3));
```

我们也要修改更新方法中的代码。在更新方法中，重新回到右边屏幕外面的背景图片要放在原先位置向左 2 个像素的地方，如代码清单 5-24 所示。

代码清单 5-24 背景图片重置

```
//当背景图片的 X 轴位置超出屏幕边界时，把超出屏幕的背景图片向右移动两张背景图片宽度
的距离，也就是接上当前正显示在屏幕上的背景图片的尾部
pos.x = screenSize.width + screenSize.width * 0.5 - 2;
```

为什么要再向左移动 2 个像素呢？因为原先被水平翻转过的背景图片已经向左移动了 1 个像素，每次重新放置背景图片后需要将它向左移动 2 个像素才能和左边的背景图片保持 1 个像素的重叠。

另外一个解决方法是只更新当前最左边的背景图片，然后找到与之相连的右边的背景图片，通过移动屏幕宽度的距离来更新。这样也可以避免计算时出现四舍五入的错误。

6）重复贴图

介绍一个很有用的技巧：可以在一块指定大小的正方形区域里让贴图重复出现。如果把这块指定的正方形区域设置的够大，可以达到让背景无限滚屏的效果。至少可以用重复的贴图覆盖几千个像素或者几十个屏幕大小的区域，而不至于影响游戏的运行效率和内存占用率。

这里要用到的是 OpenGL 支持的 GL_REPEAT 贴图参数。不过这个方法只适用于正方形的区域，而且要满足"2 的 n 次方"规则，比如 32×32 或者 128×128 像素。代码清单 5-25 展示了相关代码。

代码清单 5-25 用 GL_REPEAT 重复背景贴图

```
CCRect repeatRect = CCRectMake(-5000, -5000, 5000, 5000);
CCSprite* sprite = bg1 = CCSprite::create("square.png", repeatRect);
ccTexParams params =
{
```

```
        GL_LINEAR, GL_LINEAR, GL_REPEAT, GL_REPEAT
    };
    sprite->getTexture()->setTexParameters(&params);
```

在上述代码中，必须用一个正方形来初始化精灵将会覆盖的区域。ccTexParams 这个结构（struct）使用了设置为 GL_REPEAT 的包装好的参数来进行初始化。然后这些 OpenGL 的参数会被用于精灵贴图的 setTexParameters 方法中。

最终结果是得到了一块用 square.png 不断重复出来的正方形区域（精灵）。如果移动这个精灵，整块被 repeatRect 所覆盖的区域会一起移动。也可以使用上述技巧生成一块用较小的图片重复出来的图片区域，来替代之前屏幕最下放的那个条纹图片。

7）添加主角精灵

代码清单 5-26 展示的是 Hero 类的选择主角精灵、添加动画的部分代码。

代码清单 5-26　Hero 类初始化

```
bool Hero::init()
{
    if (CCSprite::initWithSpriteFrameName("run0.png"))
    {
        this->initWithHero();
        return true;
    }
    return false;
}

Hero* Hero::initWithHero()
{
    //      GameState::sharedGameState()->loadState();
    switch (GameState::sharedGameState()->selectRunner)
    {
        case 1:
            this->selectrunner1();
            break;
        case 2:
            this->selectrunner2();
            break;
        case 3:
            this->selectrunner3();
```

```
            break;
        default:
            break;
    }
    return this;
}

void Hero::selectrunner1()
{
    this->herorunaction();
}
void Hero::herorunaction()
{
    CCArray *array = new CCArray();
    for (int i = 0; i <= 14; ++i)
    {
        CCString *str = CCString::createWithFormat("run%d.png",i);
        CCSpriteFrame *farm = CCSpriteFrameCache::sharedSpriteFrameCache()
                                ->spriteFrameByName(str->getCString());
        array->addObject(farm);
    }

    CCAnimation *mate = CCAnimation::createWithSpriteFrames(array, 0.02);
    CCAnimate *action = CCAnimate::create(mate);
    this->runAction(CCRepeatForever::create(action));
    this->velocity = ccp(0, 0);
}
```

我们先来看下 Hero 类的初始化方法，该方法中调用了父类 CCSprite 的 initWithSpriteFrameName()方法，然后将它添加到 PlayScene 中就可以看到该精灵了，但是现在这个精灵是没有跑步动作的，没有跑步动作的跑酷游戏，简直就是个噩梦！谁都不想看到只有一张静态图片的游戏！所以接下来，我们要先为主角精灵添加动画。

代码清单 5-27 展示了为主角精灵添加动画的代码。

代码清单 5-27　主角精灵动画

```
void Hero::herorunaction()
{
    CCArray *array = new CCArray();
    for (int i = 0; i <= 14; ++i)
```

```
    {
        CCString *str = CCString::createWithFormat("run%d.png",i);
        CCSpriteFrame *farm = CCSpriteFrameCache::sharedSpriteFrameCache()
                                        ->spriteFrameByName(str->getCString());
        array->addObject(farm);
    }

    CCAnimation *mate = CCAnimation::createWithSpriteFrames(array, 0.02);
    CCAnimate *action = CCAnimate::create(mate);
    this->runAction(CCRepeatForever::create(action));
    this->velocity = ccp(0, 0);
}
```

一开始的时候已经将对应的精灵动作贴图全部都导入到工程项目文件中，创建了一个数组用来保存遍历出来的精灵动作序列。接下来动态地创建图片名称字符串，通过该字符串从精灵帧缓存中取出对应的精灵帧然后放到数组当中，之后根据这个数组创建一个 CCAnimation 动画序列并设置动作帧之间的时间长短。然后将这个动作序列作为参数创建一个动画 CCAnimate，循环使用。这样一个会跑的精灵就完成了。

接下来这个精灵应该有滚动和可以跳跃的动作，在这里将屏幕分为两部分，以 X 轴坐标 240 像素为界限，小于 240 像素的是滚动，大于 240 像素的是跳跃。

代码清单 5-28 展示的是触摸屏幕时所执行的一些操作。

代码清单 5-28　触摸屏幕

```
void PlayScene::ccTouchesBegan(cocos2d::CCSet *pTouches, cocos2d::CCEvent *pEvent)
{
    for(CCSetIterator iterTouch = pTouches->begin();
                                    iterTouch != pTouches->end(); iterTouch++)
    {
        CCTouch *t = (CCTouch*)*iterTouch;
        CCPoint touchLocation = this->convertTouchToNodeSpace(t);
        if (touchLocation.x > 240)
        {
            hero->mightAsWellJump = true;
            hero->po = true;
        }
        else
        {
            hero->forwardMarch = true;
```

```cpp
            hero->po = true;
        }
    }
}

void PlayScene::ccTouchesMoved(cocos2d::CCSet *pTouches, cocos2d::CCEvent *pEvent)
{
    for(CCSetIterator iterTouch = pTouches->begin();
                                        iterTouch != pTouches->end(); iterTouch++)
    {
        CCTouch *t = (CCTouch*)*iterTouch;
        CCPoint touchLocation = this->convertTouchToNodeSpace(t);
        CCPoint previousTouchLocation = t->getPreviousLocationInView();
        CCSize screenSize = CCDirector::sharedDirector()->getWinSize();
        previousTouchLocation = ccp(previousTouchLocation.x,
                                        screenSize.height - previousTouchLocation.y);
        if(touchLocation.x > 240 && previousTouchLocation.x <= 240)
        {
            hero->forwardMarch = false;
            hero->mightAsWellJump = true;
            hero->po = true;
        }
        else if(previousTouchLocation.x > 240 && touchLocation.x <= 240)
        {
            hero->forwardMarch = true;
            hero->mightAsWellJump = false;
            hero->po = true;
        }
    }
}

void PlayScene::ccTouchesEnded(cocos2d::CCSet *pTouches, cocos2d::CCEvent *pEvent)
{
    for(CCSetIterator iterTouch = pTouches->begin();
                                        iterTouch != pTouches->end(); iterTouch++)
    {
        CCTouch *t = (CCTouch*)*iterTouch;
        CCPoint touchLocation = this->convertTouchToNodeSpace(t);
        if (touchLocation.x < 240)
        {
```

```cpp
                hero->forwardMarch = false;
                hero->po = true;
            }
            else
            {
                hero->mightAsWellJump = false;
                hero->po = true;
            }
        }
    }
```

代码还是非常简单的，在这里只需要介绍几个属性：

- po：是否正在受玩家的控制；
- mightAsWellJump：跳跃控制；
- forwardMarch：滚动控制。

代码清单 5-29 展示的是 Hero 的动作调用方法。

代码清单 5-29　动作调用方法

```cpp
void Hero::updateaction(float delta)
{
    CCPoint jumpforce = ccp(0.f, 600.f);
    float jumpcutoff = 200.f;

    if(this->mightAsWellJump && po == false)
    {
        this->velocity = ccpAdd(this->velocity, jumpforce);
        this->runnerjump();
    }
    if (!this->mightAsWellJump && this->velocity.y > jumpcutoff)
    {
        this->velocity = ccp(this->velocity.x, jumpcutoff);
    }
    CCPoint minMovement = ccp(0.0f, -500.f);
    CCPoint maxMovement = ccp(0.f, 300.f);
    this->velocity = ccpClamp(this->velocity, minMovement, maxMovement);
    this->velocity = ccp(this->velocity.x * 0.8, this->velocity.y);
    if (this->forwardMarch)
    {
```

```
            this->runnergundong();
        }
        CCPoint gravityStep = ccpMult(gravity, delta);
        this->velocity = ccpAdd(this->velocity, gravityStep);
        CCPoint stepVelocity = ccpMult(this->velocity, delta);
        this->setPosition(ccpAdd(this->getPosition(), stepVelocity));
    }
```

在这个方法中，通过之前在触摸方法中修改的几个布尔值来调用对应的动作方法。图 5-13 展示的是添加好精灵动作和动画之后的效果。

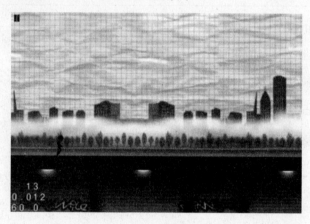

图 5-13　动画效果

8）添加金币

在介绍如何在游戏中添加金币之前先介绍一下 CCSpriteBatchNode（精灵批处理），利用这个技术可以使游戏渲染性能大大提升。

在 Cocos2d-x 2.x 之后，左下角的 FPS 变成了 3 行，多了两行数据。最上面一行是指的当前场景的渲染批次（简单理解为需要渲染多少个贴图出来）。中间一行是渲染每一帧需要的时间，最下行就是大家熟悉的 FPS。

金币的添加选择的是 CCSoriteBatchNode。

代码清单 5-30 展示的是 Coin 类的主要程序部分。

代码清单 5-30　Coin 类

```
CCSprite *Coin::initCoinPostionWithLevel(void *level)
{
    CCArray *coinArray = new CCArray();
```

```cpp
CCSpriteBatchNode *textureBatch = CCSpriteBatchNode::create("Coins.png");
CCScene *scene = (CCScene *)level;
scene->addChild(textureBatch, 3, 11);

for (int i = 0; i < 2; i++)
{
    for (int n = 0; n < 8; n++)
    {
        CCRect rect = CCRectMake(n * 27, 27 * i, 27, 27);
        CCSpriteFrame *frame = CCSpriteFrame::createWithTexture(
                                        textureBatch->getTexture(), rect);
        coinArray->addObject(frame);
    }
}
CCAnimation *animationCoin = CCAnimation::createWithSpriteFrames(coinArray, 0.1f);
CCAnimate *animateCoin = CCAnimate::create(animationCoin);

CCArray *coinAll = new CCArray();
CCSprite *coin = CCSprite::createWithTexture(textureBatch->getTexture(),
                                        CCRectMake(0, 0, 27, 27));
coin->runAction(CCRepeatForever::create(animateCoin));
coinAll->addObject(coin);
textureBatch->addChild(coin);
return coin;
}
```

首先用 Coins.png 这张纹理贴图创建一个 CCSpriteBatchNode。然后将 BatchNode 添加到 level 这个外部传进来的场景参数中，然后从一张大的纹理贴图当中根据动态 Rect 获取对应的 CCSpriteFrame，接下来的操作就和之前的精灵动画生成没什么区别了，只需要注意一点，金币是往 BatchNode 上添加而不是场景!

注意:

（1）CCSpriteBatchNode::create(const char *fileImage);//利用贴图创建，默认子节点数量为29（数量不够时，系统会自己增加）

CCSpriteBatchNode* batchNode = CCSpriteBatchNode::create(const char *fileImage, unsigned int capacity);//利用贴图创建，并指定子节点数量

（2）使用 CCSpriteBatchNode 时，所使用的贴图必须是同一张图片，也不能指定精灵的深度。所有的精灵都必须在同一渲染层。

（3）项目总不可能局限于一张贴图上，所以可以把多张贴图合并成一张大贴图。可以利用合成后的大贴图创建一个 CCSpriteBatchNode。

然后在创建 CCSprite 时，设置贴图的区域就可以了。

金币的类现在已经完成了，接下来就是将金币按一定的排列顺序添加到游戏主场景中。

代码清单 5-31 展示的是添加金币显示序列。

代码清单 5-31　添加金币显示序列

```
void PlayScene::addCoins()
{
    for(int i = 0; i < 8; ++i)
    {
        for (int j = 0; j < 4; ++j)
        {
            Coin *coin = (Coin *)Coin::initCoinPostionWithLevel(this);
            coin->setPosition(ccp(Screensize.width + i * 40, linyy + 35 + j * 30));
            CCMoveTo *move = CCMoveTo::create(timee +
                            (270 +coin->getContentSize().width)/voity,
                            ccp(-270+40*i-coin->getContentSize().width, linyy + 35 + j * 30));
            coin->runAction(move);
            coinss->addObject(coin);
            CCCallFuncND *call = CCCallFuncND::create(this,
                            callfuncND_selector(PlayScene::removeCoin), coin);
            coin->runAction(CCSequence::create(CCDelayTime::create(timee +
                            (270 +coin->getContentSize().width)/voity), call));
        }
    }
}
void PlayScene::removeCoin(void *data)
{
    Coin *coin = (Coin *)data;
    coin->setPosition(ccp(1000, 1000));
    coin->setVisible(false);
    coinss->removeObject(coin);
}
```

上述程序包含 2 个 for 循环外层控制列（X 轴方向）和内层控制行（Y 轴方向），接下来创建了一个 CCMoveTo 动作序列，使金币全部都向屏幕的左边移动，最后从数组和场景中移除。最终效果如图 5-14 所示。

第 5 章 游戏实例

图 5-14 动画效果

一个游戏只有金币，没有其他刺激性的元素，这怎么行？现在我们要为游戏增加点趣味性，添加障碍物，当玩家碰到障碍物游戏就宣告失败。

代码 5-32 展示的是添加障碍物的主要代码。

代码清单 5-32 添加障碍物

```
void PlayScene::updateTime()
{
    schtime = CCRANDOM_0_1() * randomtime;
    this->scheduleOnce(schedule_selector(PlayScene::updateBox), schtime);
}
void PlayScene::updateBox()
{
    CCSprite *spr = (CCSprite *)allboxes->objectAtIndex(nextbox);

    float heigbox = CCRANDOM_0_1() * 1;
    if(heigbox>0.3)
    {
        spr->setPosition(ccp(Screensize.width + spr->getContentSize().width * 0.5,
                                                                linyy + 16));
        spr->setVisible(true);

        CCMoveTo *moveleft = CCMoveTo::create(timee,
                            ccp(-spr->getContentSize().width * 0.5, linyy + 16));

        CCCallFuncN *callFun = CCCallFuncN::create(this,
```

169

```
                                            callfuncN_selector(PlayScene::visiblee));
    spr->runAction(CCSequence::create(CCDelayTime::create(timee), callFun, NULL));
    spr->runAction(moveleft);
}
//不大于 0.3 则悬空在跑道上
else
{
    spr->setPosition(ccp(Screensize.width + spr->getContentSize().width * 0.5,
                                            linyy + 51));
    spr->setVisible(true);

    //随机是否下落
    float ifmovedown=CCRANDOM_0_1()*1;
    //大于 0.6 则下落
    if(ifmovedown>0.6)
    {
        float dropplace=80+CCRANDOM_0_1()*100;
        CCMoveBy *moveFirst = CCMoveBy::create(dropplace/voity, ccp(-dropplace, 0));

        CCMoveTo *movedown = CCMoveTo::create(0.2,
                                            ccp(distance-dropplace-0.2*voity,linyy+16));
        float time=(distance-voity*0.2-dropplace)/voity;

        CCMoveTo *moveleft = CCMoveTo::create(time,
                                            ccp(-spr->getContentSize().width * 0.5, linyy + 16));
        spr->runAction(CCSequence::create(moveFirst, movedown, moveleft, NULL));

        this->scheduleOnce(schedule_selector(PlayScene::dropEffect), dropplace/voity);

        CCCallFuncN *callFun = CCCallFuncN::create(this,
                                            callfuncN_selector(PlayScene::visiblee));
        spr->runAction(CCSequence::create(CCDelayTime::create(timee), callFun, NULL));
    }
    //不大于 0.6 则不下落
    else
    {
        spr->setVisible(true);
        CCMoveTo *moveleft = CCMoveTo::create(timee,
                                            ccp(-spr->getContentSize().width, linyy + 51));
        spr->runAction(moveleft);
```

```
            CCCallFuncN *callFun = CCCallFuncN::create(this,
                                  callfuncN_selector(PlayScene::visiblee));
            spr->runAction(CCSequence::create(CCDelayTime::create(timee), callFun, NULL));
        }

    }
    //循环方块
    nextbox++;
    if(nextbox>allboxes->count()-1)
    {
        nextbox=0;
    }
}
```

在上述代码中首先通过调用 PlayScene::updateTime 这个方法随机生成一个时间，然后将这个随机生成的时间作为参数延迟调用 PlayScene::updateBox 这个添加障碍物的方法。给这个添加障碍物设置了 2 种性质，一种是直接放在跑道上，另外一种是悬空在跑道上，而悬空在跑道上的障碍物也有一定的几率会落到跑道上。

首先根据 nextbox 从数组中取出一个障碍物，接下来随机生成一个时间。当这个随机的时间大于 0.3 时，box 放在跑道上会往屏幕的左边移动。如果这个时间不大于 0.3 则将 box 放置在空中，在空中还要有一定的几率会下落。所以在 else 分支中再加一个随机时间，大于 0.6 则下落，然后 nextbox 索引值进行自增，对下一个 box 进行操作。图 5-15 展示的是添加了障碍物后的效果。

图 5-15　添加障碍物后的效果

3. 游戏主模块的实现

现在金币和障碍物都已经具备了,但是有个问题——障碍物和金币无法和主角进行碰撞!现在着手解决这个问题,使它成为一个真正的游戏!

代码清单 5-33 展示的碰撞检测代码。

代码清单 5-33　碰撞检测

```cpp
void PlayScene::update(float delta)
{
    if (positioncontrol)
    {
        //英雄和金币碰撞
        for (int i = 0; i < coinss->count(); ++i)
        {
            Coin *coin = (Coin *)coinss->objectAtIndex(i);
            if(ccpDistance(hero->getPosition(), coin->getPosition()) < 20)
            {
                SimpleAudioEngine::sharedEngine()->playEffect("coin.wav");
                CCCallFuncN *call = CCCallFuncN::create(
                                this, callfuncN_selector(PlayScene::removeCoin));
                coin->runAction(call);
                coinnn++;
                coinnum->setString(CCString::createWithFormat(
                                    "x%d", coinnn)->getCString());
            }
            this->removeChild(coin, true);
        }
        //英雄位置检测
        if(hero->getPosition().y - linyy < 30)
        {
            hero->po = false;
            hero->velocity = ccp(0, 0);
            hero->gravity = ccp(0, 0);
            hero->setPosition(ccp(Screensize.width / 6, linyy + 30));
        }
        else
        {
```

```
            hero->gravity = ccp(0, -800.0);
            hero->po = true;
        }
        hero->updateaction(delta);
//英雄和天火碰撞检测
    float distancee = ccpDistance(Isfier->getPosition(), hero->getPosition());
    if (distancee < 10)
    {
        CCScaleTo *sca1 = CCScaleTo::create(0.2, 1.4);
        CCScaleTo *sca2 = CCScaleTo::create(0.2, 1);
        this->runAction(CCSequence::create(sca1, sca2, NULL));
        GameState::sharedGameState()->loadState();
        //没买道具保护层时执行
        if(GameState::sharedGameState()->buySaveControl == false)
        {
            positioncontrol = false;
            ccBezierConfig bezier;
            SimpleAudioEngine::sharedEngine()->playEffect("grunt.wav");
            bezier.controlPoint_1 = ccp(hero->getPosition().x, hero->getPosition().y);
            bezier.endPosition = ccp(-hero->getContentSize().width, 400);
            CCBezierTo *ber = CCBezierTo::create(1, bezier);
            CCRotateTo *rotate = CCRotateTo::create(1, -90);
            hero->runAction(CCSpawn::create(ber, rotate, NULL));

            this->scheduleOnce(schedule_selector(PlayScene::pushTo), 1);
        }
        //买道具保护层时执行
        else if(GameState::sharedGameState()->buySaveControl &&saveaction)
        {
            SimpleAudioEngine::sharedEngine()->playEffect("buzz.wav");
            saveaction = false;
            savecontrol = false;
            Isfier->stopAllActions();
            Isfier->setPosition(ccp(500, 350));
            this->scheduleOnce(schedule_selector(PlayScene::saveControl), 0.5);
        }
    }
//英雄和方块碰撞检测
```

```
for (int i = 0; i < allboxes->count(); ++i)
{
    CCSprite *sprite = (CCSprite *)allboxes->objectAtIndex(i);
    float dis;
    //滚动和跳跃时检测距离
    if (hero->disControl == true)
    {
        dis = 14;
    }
    //跑时检测距离
    else
    {
        dis = diss;
    }
    if(ccpDistance(hero->getPosition(), sprite->getPosition()) < dis)
    {
        CCScaleTo *sca1 = CCScaleTo::create(0.2, 1.4);
        CCScaleTo *sca2 = CCScaleTo::create(0.2, 1);
        CCRotateTo *rotate1 = CCRotateTo::create(0.2, 20);
        CCRotateTo *rotate2 = CCRotateTo::create(0.2, 0);
        CCSpawn *spa1 = CCSpawn::create(sca1, rotate1, NULL);
        CCSpawn *spa2 = CCSpawn::create(sca2, rotate2, NULL);
        this->runAction(CCSequence::create(spa1, spa2, NULL));
        GameState::sharedGameState()->loadState();
        //没买道具保护层时执行
        if(GameState::sharedGameState()->buySaveControl == false)
        {
            positioncontrol = false;
            SimpleAudioEngine::sharedEngine()->playEffect("grunt.wav");
            ccBezierConfig bezier;
            bezier.controlPoint_1 =ccp(
                        hero->getPosition().x, hero->getPosition().y);
            bezier.controlPoint_2 = ccp(240, 320);
            bezier.endPosition=ccp(hero->getPosition().x*3,
                            -hero->getContentSize().height);
            CCBezierTo *ber = CCBezierTo::create(1, bezier);
            CCRotateTo *rotate = CCRotateTo::create(1, 90);
            hero->runAction(CCSpawn::create(ber, rotate, NULL));
```

```
                this->scheduleOnce(schedule_selector(PlayScene::pushTo), 1);
            }
            //买道具保护层时执行
            else if(GameState::sharedGameState()->buySaveControl && saveaction)
            {
                SimpleAudioEngine::sharedEngine()->playEffect("buzz.wav");
                sprite->stopAllActions();
                CCMoveBy *move = CCMoveBy::create(0.5, ccp(0, -200));
                CCCallFunc*call=CCCallFunc::create(this,
                                    callfunc_selector(PlayScene::saveAc));
                saveaction = false;
                savecontrol = false;
                sprite->runAction(CCSequence::create(move, call, NULL));
                this->scheduleOnce(schedule_selector(PlayScene::saveControl), 0.5);
            }
        }
    }
}
```

从上述代码中可以看到，要实现一个碰撞检测并不难，关键就在于 ccpDistance 这个函数，这个函数有什么作用呢？按住键盘上的 commond，进入该函数的实现文件中查看一下，如代码清单 5-34 所示。

代码清单 5-34　ccpDistance 函数

```
CGFloat ccpLength(const CGPoint v)
{
    return sqrtf(ccpLengthSQ(v));
}

CGFloat ccpDistance(const CGPoint v1, const CGPoint v2)
{
    return ccpLength(ccpSub(v1, v2));
}
```

想必读者已经知道了，这个函数用于计算两点之间的距离，然后通过循环遍历每个物品对应的数组和主角精灵做两点之间的距离判断，当该函数的返回值小于某个距离时，就说明这两个物体之间发生了碰撞。最终的运行效果如图 5-16 所示。

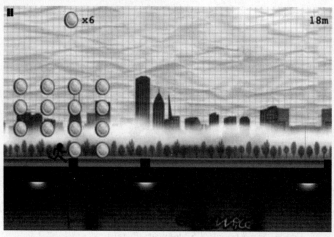

图 5-16 运行效果

　　本章介绍了一款简单的纵版游戏和跑酷游戏的部分实现过程。通过本章的学习，采用 Cocos2d-x 基本知识实现了游戏功能的方法，读者可以自己实现相关的功能并进一步修改。

　　制作一款完整和优秀的游戏是需要付出很多努力的。制作过程牵涉很多重构，修改已经工作的代码以优化代码设计，还要允许在以后添加新功能时能和现有功能和睦相处。总的来说，现在我们有了很好的游戏的起始点，等待你增加更多的功能和提高代码的质量。

第 6 章 拓展库与新特性

学习了前面的知识，其实已经能独立写出游戏了。从本章起介绍一些 Cocos2d-x 的新功能，包括 ScrollView 的滚动视图、CCHttpClient 网络连接、着色器，等等。这些功能在开发过程中也会遇到。

6.1 CCScrollView

CCScrollView 中的 ScrollView 为滚动视图，无论在 Android、iOS、黑莓上都有这个滚动视图。我们来看下 Cocos2d-x 中的 CCScrollView 在头文件中的用法，如代码清单 6-1 所示。

代码清单 6-1　HelloWorld 类

```
#include "cocos2d.h"
#include "CCScrollView.h"
class HelloWorld : public cocos2d::CCLayer ,public cocos2d::extension::CCScrollViewDelegate
{
public:
    // Method 'init' in Cocos2d-x returns bool, instead of 'id' in cocos2d-iphone (an objectpointer)
    virtual bool init();

    // there's no 'id' in cpp, so we recommend to return the class instance pointer
    static cocos2d::CCScene* scene();

    // a selector callback
    void menuCloseCallback(CCObject* pSender);
```

```cpp
    // preprocessor macro for "static create()" constructor ( node() deprecated )
    CREATE_FUNC(HelloWorld);
public:

    //重写滚动函数
    void scrollViewDidScroll(cocos2d::extension::CCScrollView *view);
    //重写缩放函数
    void scrollViewDidZoom(cocos2d::extension::CCScrollView *view);

private:


    cocos2d::extension::CCScrollView *showScrollView;

    int curPage;
};
```

可以看到，在原有的 HelloWorld 类上多继承了一个 CCScrollViewDelegate 类，然后是实现这个类的虚函数。

在 cpp 文件中添加 CCScrollView，就创建了一个 CCScrollView 对象 showScrollView，后面参数是 showScrollView 显示的范围。setContentOffset 是设置 setContentOffset 的偏移值，这里是从第一个画面开始的，所以偏移值为 0。setTouchEnabled 可以设置为单击，从而当用户单击 showScrollView 时，触发单击事件。setDelegate 用于回调给哪个类对象。最重要的是 setContentSize 用于设置 showScrollView 的滚动范围。可以参考代码清单 6-2。

代码清单 6-2　初始化 init 函数

```cpp
bool HelloWorld::init()
{
    //////////////////////////////
    // 1. super init first
    if ( !CCLayer::init() )
    {
        return false;
    }

    //获取窗口大小
    CCSize visibleSize = CCDirector::sharedDirector()->getVisibleSize();
    CCPoint origin = CCDirector::sharedDirector()->getVisibleOrigin();
```

```cpp
//创建一个层
CCLayer *slayer=CCLayer::create();

for (int i=1; i<5; i++) {
    //背景
    CCSprite *bgsprite = CCSprite::create("HelloWorld.png");
    bgsprite->setPosition(ccp(visibleSize.width * (i-0.5f), visibleSize.height / 2));
    slayer->addChild(bgsprite,1);

    CCString *nameString=CCString::createWithFormat("CloseNormal.png",i);

    CCSprite *sprite = CCSprite::create(nameString->getCString());
    sprite->setPosition(ccp(visibleSize.width * (i-0.5f), visibleSize.height / 2));
    slayer->addChild(sprite,1);

}

showScrollView = CCScrollView::create(CCSizeMake(visibleSize.width, visibleSize.height), slayer);
showScrollView->setContentOffset(CCPointZero);
//false 自己写 touch 事件
showScrollView->setTouchEnabled(true);
showScrollView->setDelegate(this);

//滚动方向
showScrollView->setDirection(kCCScrollViewDirectionHorizontal);

showScrollView->setBounceable(true);
//    slayer->setContentSize(CCSizeMake(visibleSize.width*3, visibleSize.height));
showScrollView->setContentSize(CCSizeMake(visibleSize.width*4, visibleSize.height));

this->addChild(showScrollView,1);

return true;
}
```

同时还必须实现CCScrollViewDelegate的两个虚函数，用于回调，见代码清单6-3。

代码清单6-3　CCScrollViewDelegate 虚函数

```cpp
void HelloWorld::scrollViewDidScroll(CCScrollView *view)
{
}
```

```
void HelloWorld::scrollViewDidZoom(CCScrollView *view)
{
}
```

从代码清单 6-3 可以看到，这两个函数分别用于单击这个控件对象以及改变控件大小时触发。下面我们来看看效果，如图 6-1 所示。

图 6-1　CCScrollView 效果图

还可以在这上面添加页面显示，让你可以知道是第几页，这里使用图片精灵来完成。每个 page control 都是一个图片精灵，然后通过控制图片切换来给用户造成一种错觉，见代码清单 6-4。

代码清单 6-4　添加页面显示

```
bool HelloWorld::init()
{
    // 初始化
    ...

    //创建 pagecontrol
    for (int i=1; i<5; i++) {

        CCSprite *pageControlSprite=CCSprite::create("white.png");

        pageControlSprite->setPosition(ccp( origin.x +
                (visibleSize.width - 4 * pageControlSprite->getContentSize().width)/2
                + pageControlSprite->getContentSize().width * (i-1), origin.y + 30));

        pageControlSprite->setTag(100+i);

        this->addChild(pageControlSprite, 1);
```

第 6 章 拓展库及新特性

```cpp
}

//默认是第一页选中
CCSprite *selectedSrite = (CCSprite *)this->getChildByTag(101);

//换贴图
CCTexture2D *aTexture =CCTextureCache::sharedTextureCache()->addImage("red.png");

selectedSrite->setTexture(aTexture);

curPage=1;

return true;
}
```

仅仅有上面的初始化是不够的。随着 CCScrollView 的滚动，页面显示的图片也要跟着切换。这里需要重写 scrollViewDidScroll 方法，对要修改的图片的缓存进行重新设置，见代码清单 6-5。

代码清单 6-5　重置页面显示

```cpp
void HelloWorld::scrollViewDidScroll(CCScrollView *view)
{
    CCSize visibleSize = CCDirector::sharedDirector()->getVisibleSize();
    curPage=(int)fabsf(showScrollView->getContentOffset().x/visibleSize.width)+1;

    for (int i=1; i<5; i++)
    {
        if (curPage==i)
        {
            CCSprite *selectedSrite = (CCSprite *)this->getChildByTag(100+curPage);

            CCTexture2D *aTexture =CCTextureCache::sharedTextureCache()
                                                    ->addImage("red.png");

            selectedSrite->setTexture(aTexture);
        }
        else
        {
            CCSprite *selectedSrite = (CCSprite *)this->getChildByTag(100+i);
```

```
            CCTexture2D *aTexture =CCTextureCache::sharedTextureCache()
                                               ->addImage("white.png");

            selectedSrite->setTexture(aTexture);
         }
      }
   }
```

显示效果如图 6-2 所示。

图 6-2　显示效果

6.2　CCTableView

CCTableView 是 CCScrollView 的子类，因此也是可以滑动的，同时它还能像列表一样进行显示，显示效果如图 6-3 所示。

图 6-3　CCTableView 显示效果

首先需要创建一个类，它继承自 CCTableViewDataSource 和 CCTableViewDelegate。这两个抽象类封装了几个有用的函数，我们在下面的源码中将实现它们。

TableViewTestLayer 类如代码清单 6-6 所示。

代码清单 6-6　TableViewTestLayer 类

```cpp
class TableViewTestLayer : public cocos2d::CCLayer,
                          public cocos2d::extension::CCTableViewDataSource,
                          public cocos2d::extension::CCTableViewDelegate
{
public:
    virtual bool init();

    void toExtensionsMainLayer(cocos2d::CCObject *sender);

    CREATE_FUNC(TableViewTestLayer);

    virtual void scrollViewDidScroll(cocos2d::extension::CCScrollView* view) {};
    virtual void scrollViewDidZoom(cocos2d::extension::CCScrollView* view) {}
    //设置单击事件
    virtual void tableCellTouched(cocos2d::extension::CCTableView* table,
                                  cocos2d::extension::CCTableViewCell* cell);
    //每一项的宽和高
    virtual cocos2d::CCSize cellSizeForIndex(cocos2d::extension::CCTableView *table);
    //生成每一项的内容
    virtual cocos2d::extension::CCTableViewCell* tableCellAtIndex(
                            cocos2d::extension::CCTableView *table, unsigned int idx);
    //一共多少项
    virtual unsigned int numberOfCellsInTableView(cocos2d::extension::CCTableView *table);
};
```

然后需要在初始化时添加 CCTableView，见代码清单 6-7。

代码清单 6-7　初始化函数 init

```cpp
bool TableViewTestLayer::init()
{
    if ( !CCLayer::init() )
    {
        return false;
```

```
    }

    CCSize winSize = CCDirector::sharedDirector()->getWinSize();

    //添加 CCTableView
    CCTableView* tableView = CCTableView::create(this, CCSizeMake(250, 60));
    tableView->setDirection(kCCScrollViewDirectionHorizontal);//设置方向
    tableView->setPosition(ccp(20,winSize.height/2-30));
    tableView->setDelegate(this);
    this->addChild(tableView);
    tableView->reloadData();//重新导入数据

    return true;
}
```

与 CCScrollView 一样，我们需要它继承类的虚函数，见代码清单 6-8。

代码清单 6-8　重写虚函数

```
//设置单击事件
void TableViewTestLayer::tableCellTouched(CCTableView* table, CCTableViewCell* cell)
{
    CCLOG("cell touched at index: %i", cell->getIdx());
}

//设置每项的大小
CCSize TableViewTestLayer::cellSizeForTable(CCTableView *table)
{
    return CCSizeMake(60, 60);
}
//每项显示的内容
CCTableViewCell* TableViewTestLayer::tableCellAtIndex(CCTableView *table, unsigned int idx)
{
    CCString *string = CCString::createWithFormat("%d", idx);
    CCTableViewCell *cell = table->dequeueCell();
    if (!cell) {
        cell = new CCTableViewCell();
        cell->autorelease();
        CCSprite *sprite = CCSprite::create("Images/Icon.png");
        sprite->setAnchorPoint(CCPointZero);
        sprite->setPosition(ccp(0, 0));
```

```
            cell->addChild(sprite);

            CCLabelTTF *label = CCLabelTTF::create(string->getCString(), "Helvetica", 20.0);
            label->setPosition(CCPointZero);
              label->setAnchorPoint(CCPointZero);
            label->setTag(123);
            cell->addChild(label);
        }
        else
        {
            CCLabelTTF *label = (CCLabelTTF*)cell->getChildByTag(123);
            label->setString(string->getCString());
        }


        return cell;
    }

    //设置数组的大小
    unsigned int TableViewTestLayer::numberOfCellsInTableView(CCTableView *table)
    {
        return 20;
    }
```

6.3 CCHttpClient

CCHttpClient 是 HTTP 客户端的接口。HTTP 客户端封装了各种各样的对象,当处理 cookies、身份认证、连接管理和其他功能时执行 HTTP 请求。HTTP 客户端的线程安全依赖于特定的客户端的实现和配置。

1. 如何使用 CCHttpClient

CCHttpClient 的使用一般包含下面 6 个步骤:

- 创建 CCHttpClient 实例;
- 创建某方法的一个实例(如 setUrl),连接的 URL 被传递到构造方法;
- 告诉 CCHttpClient 执行这个方法;

- 读取响应；
- 释放连接；
- 处理响应。

2．HttpClient 示例

我们将使用 CCHttpClient 无参数的构造函数，它为大多数情况提供了一个很好的默认设置，所以使用它，创建 CCHttpClient 如代码清单 6-9 所示。

代码清单 6-9　创建 CCHttpClient

```
cocos2d::extension::CCHttpRequest* request = 
                          new cocos2d::extension::CCHttpRequest();
```

1）创建一个 URL

由 HTTP 规范定义的各种方法对应各种不同的 CCHttpClient 类。

我们将使用 Get 方法取得一个 URL，这是一个简单的方法，它只是简单地取得一个 URL，获取 URL 指向的文档，如代码清单 6-10 所示。

代码清单 6-10　取得一个 URL

```
request->setUrl("http://www.baidu.com");
```

2）GET

一个通过 CCHttpClient 的 HTTP GET 请求的例子，如代码清单 6-11 所示。

代码清单 6-11　HTTP GET 请求

```
cocos2d::extension::CCHttpRequest * request = 
                            new cocos2d::extension::CCHttpRequest();
request->setUrl("http://www.baidu.com");
request->setRequestType(cocos2d::extension::CCHttpRequest::kHttpGet);
request->setResponseCallback(this,
            callfuncND_selector(HelloWorld::httpRequestGetComplete));
request->setTag("GET Test1");
cocos2d::extension::CCHttpClient::getInstance()->send(request);
request->release();
```

3）POST

下面将发送一个 POST 请求到 URL"http://www.httpbin.org/post"，如代码清单 6-12 所示。

代码清单 6-12　HTTP POST 请求

```
cocos2d::extension::CCHttpRequest * request = new cocos2d::extension::CCHttpRequest();
request->setUrl("http://www.httpbin.org/post");
request->setRequestType(cocos2d::extension::CCHttpRequest::kHttpPost);
request->setResponseCallback(this,
                            callfuncND_selector(HelloWorld::httpRequestPostComplete));
request->setTag("POST Test1");

// write the post data
const char* postData = "visitor=cocos2d&TestSuite=Extensions Test/NetworkTest";
request->setRequestData(postData, strlen(postData));

cocos2d::extension::CCHttpClient::getInstance()->send(request);
request->release();
```

4）释放连接

这是一个关键的步骤，可以让整个流程变得完整。

必须通知 CCHttpClient 已经完成了连接，并且它现在可以重用。如果不这样做，CCHttpClient 将无限期地等待一个连接释放，以便它可以重用：

```
request->release();
```

5）读取响应

不管服务器返回的状态如何，响应主体 response body 总是可读的，这至关重要。调用 getResponseData()，将返回一个包含响应主体数据的原始数据：

```
/** Get the http response raw data */
inline std::vector<char>* getResponseData()
```

6）处理响应

现在，我们已经完成了与 CCHttpClient 的交互，可以集中精力应付我们需要处理的数据。在这个例子中，仅仅将它在控制台上输出。数据返回如代码清单 6-13 所示。

代码清单 6-13　数据返回

```
void HelloWorld::httpRequestGetComplete(CCNode* n, void* v)
{
    CCLOG("httpRequestGetComplete--------");
```

```
cocos2d::extension::CCHttpResponse * response = (cocos2d::extension::CCHttpResponse *)v;
std::vector<char> *buffer = response->getResponseData();
printf("Http Test, dump data: ");
for (unsigned int i = 0; i < buffer->size(); i++)
{
    printf("%c", (*buffer)[i]);
}
printf("\n");
}
```

如果要把 response 作为一个流来读取它里面的信息，上面的步骤将会同如何解析这个连接结合起来。当处理完所有的数据后，关闭输入流，并释放该连接。

7）Android 环境下

需要注意的是，如果是 Android 环境，不要忘了在应用程序的 Manifest 中增加相应的权限：

```
<uses-permission android:name="android.permission.INTERNET" />
```

6.4 OpenGL 绘图技巧

在 Cocos2d-x 2.0 中，引入了众多革命性的新特性，尤其在绘图机制上进行了大量的改进，使用了全新的 OpenGL ES 2.0 绘图，支持可编程管线 shader 等。底层的绘图矩阵优化对开发者是透明的、显式的，我们可以使用更多特效来实现更丰富的绘图效果。

OpenGL ES 是 OpenGL 三维图形 API 的子集，是专门针对移动设备而设计的，其 1.0 版本是针对固定管线硬件的，而 2.0 版本已经扩展至支持可编程管线硬件。Cocos2d-x 2.0 正是将底层绘图从 OpenGL ES 1.0 升级到了 OpenGL ES 2.0。

1. CCGLProgram

引擎提供了 CCGLProgram 类来处理着色器的相关操作，并对当前绘图程序进行了封装，其中使用频率最高的应该是获取着色器程序的接口，如代码清单 6-14 所示。

代码清单 6-14　着色器程序的接口

```
const GLuint getProgram();
```

该接口返回了当前着色器程序的标识符。后面将会看到，在操作 OpenGL 时，我们常常需要针对不同的着色器程序进行设置。注意，这里返回的是一个无符号整型的标识符，而不是一个指针或结构引用，这是 OpenGL 接口的一个风格。对象（纹理、着色器程序或其他非标准类型）都是使用整型标识符来表示的。

CCGLProgram 提供了两个函数导入着色器程序，支持直接从内存的字符串流载入或者从文件中读取。这两个函数的第一个参数均指定了顶点着色器，第二个参数则指定了像素着色器，如代码清单 6-15 所示。

代码清单 6-15　导入着色器程序

```
bool initWithVertexShaderByteArray(const GLchar* vShaderByteArray,
    const GLchar* fShaderByteArray);
bool initWithVertexShaderFilename(const char* vShaderFilename,
    const char* fShaderFilename);
```

2．变量传递

仅仅加载肯定是不够的，我们还需要给着色器传递运行时必要的输入数据。在着色器中存在两种输入数据，分别被标识为 attribute 和 uniform。

attribute 变量是应用程序直接传递给顶点着色器的变量，在段着色器中不能访问。它描述的是每个顶点的属性，如位置、法线等，被限制为向量或标量这样的简单结构。必须为每个顶点指定对应的值，这类似于 C 语言中的函数参数。

uniform 变量是全局性的，可以同时在顶点着色器和段着色器中访问。在整个渲染流水线中，每个 uniform 变量都是唯一的，不存在每个像素或顶点需要单独定义的问题，这一点和 C 的全局变量类似。uniform 变量的可定义类型会更丰富一些，还可以包括纹理矩阵和纹理，甚至可以通过 uniform block 自定义复杂的数据类型。

必须注意的是，虽然都被称为"变量"，但这仅仅是对于应用程序而言的。在着色器程序中，不管是顶点着色器还是段着色器，这些变量都是只读的，不允许在渲染过程中改变。

以上两种变量的传递都要经过获取位置和设置两步。对于 uniform 变量名，由于全局唯一，操作方法比较简单。在获取上，只有一个接口函数，其参数是当前绘图程序和需要获取的 uniform 变量名，如代码清单 6-16 所示。

代码清单 6-16　获取 uniform 变量名

```
int glGetUniformLocation(GLuint program, const GLchar* name);
```

对 uniform 变量的设置存在着一系列以"glUniform"为前缀的函数，这些函数的第一个参数为需要设置的参数标识，后面跟若干参数值，如代码清单 6-17 所示。

代码清单 6-17　设置 uniform 变量名

```
void glUniform1i(GLint location, GLint x);
```

上面的这个函数将目标 uniform 变量的值设置为一个整型值。我们可以看到，OpenGL 的函数末尾总是紧接着类似"1i"和"3f"这样的后缀，这也是 OpenGL 函数的另一个特色。传值类函数可能会接收多种不同的参数，后缀中的数字从 1 到 4 分别对应标量和 2、3、4 维的向量。后缀中的另一个字符表示的是参数类型，常见的类型有"f"（float）、"i"（integer）、"b"（byte）等。这个做法可以避免类型转换，提高程序效率。

考虑到内存和显卡间数据交换的开销，引擎在 CCGLProgram 中进一步封装了一层缓冲机制，记录下每次传递的值，只有在传值不一时才真正设置到显卡数据中，如代码清单 6-18 所示。

代码清单 6-18　记录下每次传递的值

```
void CCGLProgram::setUniformLocationWith1i(unsigned int location, GLint i1);
```

对于 attribute 变量，直接使用会相对复杂一些，需要我们来处理变量的绑定与编号的管理等细节。CCGLProgram 中对此提供了一个封装，绑定一个 attribute 变量名到特定的标识符上，这样我们就可以直接通过名称来访问变量了，如代码清单 6-19 所示。

代码清单 6-19　绑定一个 attribute 变量名

```
void addAttribute(const char* attributeName, GLuint index);
```

绑定后的 attribute 变量可以通过标识符传值，传值的方式有两种。前面说过，attribute 变量是顶点着色器的参数，每绘制一个顶点就会调用顶点着色器一次，相应地也就需要设定每次调用的 attribute 变量值。因此，根据同一个变量在不同调用间是否一致，可以分为一次性传值和数组传值。这两种传值方式是互斥的，要通过一组函数来切换，如代码清单 6-20 所示。

代码清单 6-20　切换传值

```
void glEnableVertexAttribArray(GLuint index);
void glDisableVertexAttribArray(GLuint index);
```

这两个函数设置了是否开启某一特定 attribute 变量的数组传值，其中的参数 index 应该是我们曾经绑定过的某个 attribute 变量的标识符。

没有开启数组传值的 attribute 变量使用"glVertexAttrib"系列函数传值，与 uniform 变量的传值类似，该系列存在不同维数和不同类型向量的赋值方法，这里就不再赘述了。

开启数组传值的 attribute 变量则通过一些接口函数传值，如代码清单 6-21 所示。

代码清单 6-21　接口函数传值

```
void glVertexAttribPointer(GLuint indx,   //变量标识符
    GLint size,              //变量的维数
    GLenum type,             //组成变量的基本类型
    GLboolean normalized,    //是否归一化，一般为 false
    GLsizei stride,          //每次取值间隔
    const GLvoid* ptr);      //数组指针
```

其中需要解释的是第 5 个参数，它指定的是两个相邻的值在数组中的位置差，如果设置为 0，说明要传递的值是紧靠在一起的。灵活运用 stride 参数的特性，可以大大简化我们管理顶点属性的复杂度。例如，我们可以创建一个结构体，它包含了一个顶点的坐标、颜色以及纹理坐标这 3 个属性。在由结构体组成的数组中，不同顶点的坐标虽然不是连续排列的，但它们在内存中保存的间隔都是结构体的长度。因此，我们可以直接把结构体数组传递给函数，并利用 stride 参数使 OpenGL 正确设置顶点坐标等属性。

最后需要提两个调用时机的问题：

首先是绑定 attribute 变量的时机。CCGLProgram 在装载完毕后需要调用 link 函数连接着色器程序到显卡，绑定必须在连接之前，以保证绑定能正确传递到显卡。

其次是设置开启数组绑定的时机。由于这是一个在不同渲染程序间共享的状态，会被不同的绘制操作反复开启和关闭，所以必须在每次绘制时主动设置。

6.5　一个 shader 例子

了解了如何添加着色器效果到程序后，我们来为游戏增加一个 shader，借此实践并体会更多处理着色器的细节。

1. 着色器程序

首先来看我们即将添加的顶点着色器程序（example_Monjori.vsh），如代码清单 6-22 所示。

代码清单6-22　顶点着色器程序

```
attribute vec4 a_position;

uniform      mat4 u_MVPMatrix;

void main()
{
    gl_Position = u_MVPMatrix * a_position;
}
```

段着色器程序（example_Monjori.fsh）如代码清单6-23所示。

代码清单6-23　段着色器程序

```
#ifdef GL_ES
precision highp float;
#endif

uniform vec2 center;
uniform vec2 resolution;
uniform float time;

void main(void)
{
    vec2 p = 2.0 * (gl_FragCoord.xy - center.xy) / resolution.xy;
    float a = time*40.0;
    float d,e,f,g=1.0/40.0,h,i,r,q;
    e=400.0*(p.x*0.5+0.5);
    f=400.0*(p.y*0.5+0.5);
    i=200.0+sin(e*g+a/150.0)*20.0;
    d=200.0+cos(f*g/2.0)*18.0+cos(e*g)*7.0;
    r=sqrt(pow(i-e,2.0)+pow(d-f,2.0));
    q=f/r;
    e=(r*cos(q))-a/2.0;f=(r*sin(q))-a/2.0;
    d=sin(e*g)*176.0+sin(e*g)*164.0+r;
    h=((f+d)+a/2.0)*g;
    i=cos(h+r*p.x/1.3)*(e+e+a)+cos(q*g*6.0)*(r+h/3.0);
    h=sin(f*g)*144.0-sin(e*g)*212.0*p.x;
    h=(h+(f-e)*q+sin(r-(a+h)/7.0)*10.0+i/4.0)*g;
    i+=cos(h*2.3*sin(a/350.0-q))*184.0*sin(q-(r*4.3+a/12.0)*g)
                            +tan(r*g+h)*184.0*cos(r*g+h);
```

```
i=mod(i/5.6,256.0)/64.0;
if(i<0.0) i+=4.0;
if(i>=2.0) i=4.0-i;
d=r/350.0;
d+=sin(d*d*8.0)*0.52;
f=(sin(a*g)+1.0)/2.0;
gl_FragColor=vec4(vec3(f*i/1.6,i/2.0+d/13.0,i)*d*p.x
                 +vec3(i/1.3+d/8.0,i/2.0+d/18.0,i)*d*(1.0-p.x),1.0);
}
```

在此我们不分析这组程序的每一个实现细节，只着重讲解如何将效果添加到游戏中。

提取着色器程序需要传递的变量，ShaderNode 的几个成员变量对应了这些变量的标识符和值，后面将逐一看到它们的标识符和传值过程，如代码清单 6-24 所示。

代码清单 6-24　标识符和值

```
attribute   vec4        a_position;                //顶点坐标
uniform     mat4        u_MVPMatrix;               //坐标变换矩阵
uniform     float       time;                      //时间
uniform     vec2        resolution;                //分辨率
uniform     sampler2D   tex0;                      //背景纹理
```

2．ShaderNode

考虑到众多烦琐的细节不可能在一个函数内完成，而且 Cocos2d-x 的绘制操作是分布离散的，我们参考引擎在测试样例中的做法，封装一个 CCNode 的子类，以允许直接添加到游戏场景中，如代码清单 6-25 所示。

代码清单 6-25　ShaderNode 类

```
class ShaderNode : public CCNode
{
public:
    ShaderNode();

    bool initWithVertex(const char *vert, const char *frag);
    void loadShaderVertex(const char *vert, const char *frag);

    virtual void update(float dt);
    virtual void setPosition(const CCPoint &newPosition);
    virtual void draw();

    static ShaderNode* shaderNodeWithVertex(const char *vert, const char *frag);
```

```
private:

    //取值
    ccVertex2F m_center;
    ccVertex2F m_resolution;
    float      m_time;
    //标识符
    GLuint     m_uniformCenter, m_uniformResolution, m_uniformTime;
};
```

首先，构造函数并初始化，如代码清单 6-26 所示。

代码清单 6-26　构造函数

```
ShaderNode::ShaderNode()
:m_center(vertex2(0.0f, 0.0f))
,m_resolution(vertex2(0.0f, 0.0f))
,m_time(0.0f)
,m_uniformCenter(0)
,m_uniformResolution(0)
,m_uniformTime(0)
{
}
```

完成创建方法，如代码清单 6-27 所示。

代码清单 6-27　创建方法

```
ShaderNode* ShaderNode::shaderNodeWithVertex(const char *vert, const char *frag)
{
    ShaderNode *node = new ShaderNode();
    node->initWithVertex(vert, frag);
    node->autorelease();

    return node;
}
```

在初始化时获取这些变量的标识符，如代码清单 6-28 所示。

代码清单 6-28　获取标识符

```
void ShaderNode::loadShaderVertex(const char *vert, const char *frag)
{
    CCGLProgram *shader = new CCGLProgram();
```

```
    shader->initWithVertexShaderFilename(vert, frag);

    //绑定 attribute 变量
    shader->addAttribute("aVertex", kCCVertexAttrib_Position);
    shader->link();

    shader->updateUniforms();

    //获取 uniform 变量标识
    m_uniformCenter = glGetUniformLocation(shader->getProgram(), "center");
    m_uniformResolution = glGetUniformLocation(shader->getProgram(), "resolution");
    m_uniformTime = glGetUniformLocation(shader->getProgram(), "time");

    //使用着色器程序
    this->setShaderProgram(shader);

    shader->release();
}
```

在 Cocos2d-x 中,由于可编程管线的使用,每个 CCNode 都会附有一个着色器程序。在完成加载自定义的着色器后,应该调用 setShaderProgram 设置到 CCNode 中。最后再次强调,应该在链接着色器程序之前绑定 attribute 变量。

这样一来,初始化函数就比较简单了。初始化着色器之后,设置默认的显示区域大小(默认的水纹效果为偏蓝色),并设置初始化时间和定时更新。唯一特别的是,我们在这里添加了一张透明的图片到显卡作为纹理,后面会详细介绍。注意,这里获取了这张纹理在 OpenGL 中的标识符,而不是 Cocos2d-x 中的 CCTexture2D 指针。相关代码如代码清单 6-29 所示。

代码清单 6-29 初始化函数

```
bool ShaderNode::initWithVertex(const char *vert, const char *frag)
{
    loadShaderVertex(vert, frag);

    m_time = 0;
    m_resolution = vertex2(SIZE_X, SIZE_Y);

    scheduleUpdate();
```

```
    setContentSize(CCSizeMake(SIZE_X, SIZE_Y));
    setAnchorPoint(ccp(0.5f, 0.5f));

    return true;
}
```

3. 准备 uniform 变量

初始化着色器程序后，就应该准备需要传递的各个变量的值了。在两个 attribute 变量中，色彩直接通过设置函数来设置，而顶点位置将直接在 draw 函数中传递。因此，下面先介绍如何准备 3 个 uniform 变量：时间、分辨率和背景纹理。

时间只需要在更新函数内刷新，相关代码如代码清单 6-30 所示。

代码清单 6-30　更新函数

```
void ShaderNode::update(ccTime dt)
{
    m_time += dt;
}
```

位置是指当前效果覆盖区域的位置。由于它与当前绘图区域有关，我们重写了设置函数，相关代码如代码清单 6-31 所示。

代码清单 6-31　设置函数

```
void ShaderNode::setPosition(const CCPoint &newPosition)
{
    CCNode::setPosition(newPosition);
    CCPoint position = getPosition();
    m_center = vertex2(position.x * CC_CONTENT_SCALE_FACTOR(),
                       position.y * CC_CONTENT_SCALE_FACTOR());
}
```

4. 绘制

一切准备妥当，最后是重写负责绘制的 draw 函数，如代码清单 6-32 所示。

代码清单 6-32　绘制函数

```
void ShaderNode::draw()
{
    CC_NODE_DRAW_SETUP();
```

```
float w = SIZE_X, h = SIZE_Y;


//传递 uniform 变量
getShaderProgram()->setUniformLocationWith2f(m_uniformCenter, m_center.x, m_center.y);
getShaderProgram()->setUniformLocationWith2f(m_uniformResolution, m_resolution.x, m_resolution.y);

// time changes all the time, so it is Ok to call OpenGL directly, and not the "cached" version
glUniform1f(m_uniformTime, m_time);

ccGLEnableVertexAttribs( kCCVertexAttribFlag_Position | kCCVertexAttribFlag_Color);

//传递 attribute 变量
GLfloat vertices[12] = {
    0,0, w,0,
    w,h, 0,0,
    0,h, w,h};
glVertexAttribPointer(kCCVertexAttrib_Position, 2, GL_FLOAT, GL_FALSE, 0, vertices);

//绘制
glDrawArrays(GL_TRIANGLES, 0, 6);

CC_INCREMENT_GL_DRAWS(1);
}
```

简单地说，draw 函数被划分为若干部分：CC_NODE_DRAW_SETUP 宏函数用于准备绘制相关环境；使用绑定的着色器程序类传递 uniform 变量；获取绘制区域大小，截取纹理图片；直接调用底层接口传递 attribute 变量；绘制。

其次是 attribute 变量的传递。由于每个点的顶点坐标都不一致，使用了数组传值，在传递之前先开启了数组传递。

最后要说的是绘制部分：调用了 glDrawArrays 函数，传递参数为 GL_TRIANGLES（意味着会在屏幕上绘制三角形），指定了 6 个点（也就是用两个三角形组成需要绘制的矩形）。这也是为什么顶点数组传递了 12 个浮点数，每两个构成一个二维平面坐标，一共 6 个坐标点。

5．添加到场景

最后我们将这个滤镜添加到场景中，覆盖在背景之上，就能欣赏到我们所添加的 shaderNode，如代码清单 6-33 所示。

代码清单6-33　添加到场景

```
ShaderNode *sn = ShaderNode::shaderNodeWithVertex(
        "Shaders/example_Monjori.vsh", "Shaders/example_Monjori.fsh");

CCSize s = CCDirector::sharedDirector()->getWinSize();
sn->setPosition(ccp(s.width/2, s.height/2));

this->addChild(sn,1);
```

运行后可看到如图6-4所示的水纹效果。

图6-4　水纹效果

第7章 Cocos2d-x 3.0

作为 Cocos2d-x 2.0 的升级版，Cocos2d-x 3.0 与其上一版本相比有了长足的进步与发展。它不仅改进了渲染机制，增加了对 2.5D 的支持，以及基于组件的系统功能和更好的 Label 功能，还进一步优化了引擎，使用更友好的 C++ API，提升了 C++ 的使用体验，并且增加了很多 C++11 的新特性。Cocos2d-x 3.0 会让游戏更容易使用，而且更容易维护。同时，这个版本能够向下兼容 2.1 版本的 API，但是 2.1 版本的 API 会在编译器中被标记为"不推荐使用"。

7.1 使用 Cocos2d-x 3.0

因为 Cocos2d-x 3.0 与以前的版本有较大的区别，所以这里主要讲的就是如何使用 Cocos2d-x 3.0。

1. 系统要求

运行环境要求：

- Android 2.3 或以上；
- iOS 5.0 或以上；
- OS X 10.7 或以上；

- 任意 Windows 版本；

- Linux Ubuntu 12.04 或以上。

编译环境要求：

- 对于苹果系统，Xcode 版本要求在 4.6 以上；

- 对于 Windows 系统，需要使用 Visual Studio 2012；

- 对于 Linux 或者准备编译 Android 应用，要求 gcc 在 4.7 及以上，另外还要求 Android ndk-r8e 以上版本。

2. 在 Mac 上创建新项目

Cocos2d-x 3.0 不再需要创建 Xcode 模版，它使用 create-multi-platform-projects.py 来创建一个跨平台的项目。

首先用 cd 命令进入到 Cocos2d-x 的根目录，再进入 tools/project_creator，使用 ./create_project.py 创建项目。需要注意的是，这个命令需要带上几个参数：/create_project. py -p <你的项目名> -k <项目的包名> -l <cpp|Lua|javascript>，新项目的创建如图 7-1 所示。

```
gaocongdeiMac:~ gaocong$ cd cocos2d-x-3.0/tools/project_creator/
gaocongdeiMac:project_creator gaocong$ ./create_project.py -p MyProject -k com.the9.game -l cpp
proj.ios         : Done!
proj.android     : Done!
proj.win32       : Done!
proj.mac         : Done!
proj.linux       : Done!
New project has been created in this path: /Users/gaocong/cocos2d-x-3.0/projects/MyProject
Have Fun!
```

图 7-1　新项目的创建

之后在 Cocos2d-x 的根目录中的 projects 文件夹中就能找到创建好的项目。项目目录如图 7-2 所示。

需要注意的是，Xcode 的版本必须支持 C++11 标准，并且要将其选中。C++标准的配置如图 7-3 所示。

当前版本如果在根目录下直接使用./create-multi-platform-projects.py，系统会提示：-bash: ./create-multi-platform-projects.py: /usr/bin/evn: bad interpreter: No such file or directory。

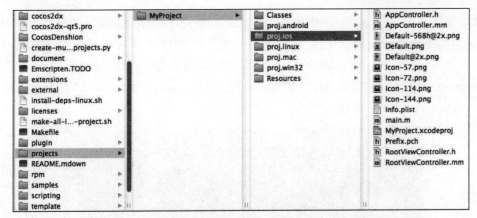

图 7-2　项目目录

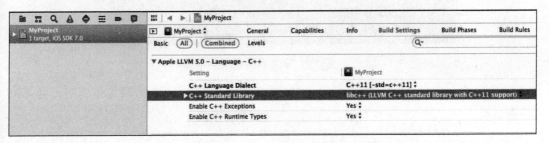

图 7-3　C++标准的配置

3．在 Windows 中创建新项目

如同在 Mac 上使用 Cocos2d-x 3.0 一样，Windows 下不再需要创建 Visual Studio 的模板，而是通过自带的一个脚本来创建一个跨平台的项目。

但在 Windows 中如果要使用它，必须先搭建 python 环境。首先，到 python 的官网去下载一份适合当前系统的安装包（http://www.python.org/download），然后进行安装。接着将安装的位置添加到系统的环境变量 Path 中，这样才能在命令行中使用 python，记得用"；"分隔。环境配置如图 7-4 所示。

图 7-4　环境配置

接着在运行中输入 cmd，打开命令行编辑器。进入 Cocos2d-x 的根目录，用 python 运行 create-multi-platform-projects.py 即可，而不再需要像 Mac 系统那样进入 tools\project_creator 下运行 create_project.py，当然相应的参数还是需要的：python create-multi-platform-projects.py -p <你的项目名> -k <项目的包名> -l <cpp|Lua| javascript>。新项目的创建如图 7-5 所示。

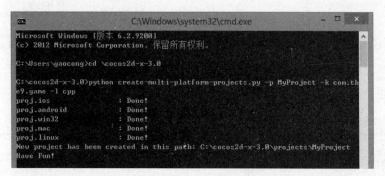

图 7-5　新项目的创建

这时在 Cocos2d-x 目录下的 projects 目录中就有创建好的多平台项目了。项目目录如图 7-6 所示。

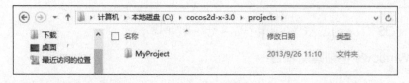

图 7-6　项目目录

最后通过 cocos2d-win32.vc2012 在 Visual Studio 2012 中打开工程，并导入刚刚新建的项目，如图 7-7 和图 7-8 所示。

图 7-7　工程目录

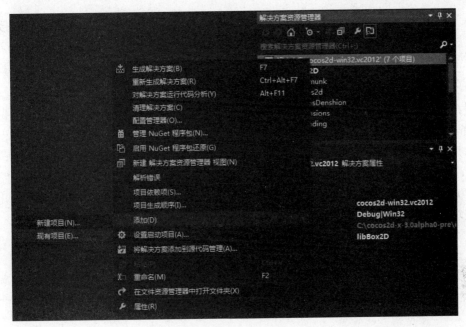

图 7-8　导入工程

7.2　Cocos2d-x 3.0 的特点

在编辑器方面，Cocos2d-x 3.0 加强了对编辑器的支持。在 2013 年 3 月份发布的测试版 CocoStudio 经过半年的打磨越发成熟稳定。每天都会有几千名开发者在使用 Coco Studio 制作游戏，从后台数据来看，这套编辑器中最受欢迎的是 GUI 编辑器，其次是动画编辑器和场景编辑器。

在引擎的性能方面，Cocos2d-x 3.0 较之原先版本运行速度更快。之前曾有 Cocos2d-x 用户反馈说，他们从 1.x 升级到 2.1.3 或更高版本之后，游戏没有改动，性能却得到了显著提升，原来几乎跑不起来的游戏瞬间原地复活。这正是 Cocos2d-x 在底层优化上所施展的魔法，而且 3.0 比 2.x 版本又会有更多的性能优化。相比于出新功能，底层性能和兼容性的优化工作更为枯燥，缺乏噱头，但游戏开发者能从其中扎实地获得收益。

从应用角度看，Cocos2d-x 3.0 更智能化。新的事件派发机制使触摸事件按照绘制顺序逆序遍历，换言之就是从游戏世界里最上层的物件开始接收事件，然后依次传递给下层物件。而物理引擎集成和全套 GUI 模块的增加大大加强了 Cocos2d-x 开发的便捷性。

从易用性上看，Cocos2d-x 3.0 抛弃了 Objective-C 风格和对 Cocos2d-iPhone 的接口兼容，按照 C++最佳实践来改善引擎接口设计。这对 Cocos2d-x 的老用户而言，代码会更加容易扩展和维护；对于不熟悉 Cocos2d-x 的 C++程序员而言，可以更快地上手学习 Cocos2d-x。

最后，Cocos2d-x 3.0 增强了脚本绑定功能。针对有些 Lua 开发者希望从 Lua 层直接调用 Android SDK 的 Java API 功能，3.0 里面增加的 LuaJavaBridge 可以满足这个需求，利用语言的反射机制直接从 Lua 调用 Java API，绕开 C++。而在 Javascript 方面，3.0 进一步缩小了 Cocos2d-x JSB 和 Cocos2d-HTML5 在 API 方面的差异，使得在浏览器上运行开发调试好的 Cocos2d-HTML5 游戏，可以很平滑地在 Cocos2d-x JSB 上跑起来。目前已经有几个游戏通过这种开发方式顺利完成并上线。

7.3 在 Cocos2d-x 3.0 中移除的 Objective-C 模式

虽然 Cocos2d-x 是由 C++语言编写的，但 Cocos2d-x 是在 Cocos2d 的基础上发展而来的，不可避免地带着浓重的 Objective-C 风情。作为 C++的工程师，总是很不习惯 Objective-C 的代码风格。现在好了，在 Cocos2d-x 3.0 中移除了 Objective-C 模式。

1. 使用 clone()代替 copy()

clone()返回的是一个自动释放的拷贝。

copy()不再支持使用，如果使用它，它将能够编译，但是代码将会崩溃，见代码清单 7-1。

代码清单 7-1 copy 与 clone 代码的对比

```
// v2.1
CCMoveBy *action = (CCMoveBy*) move->copy();
action->autorelease();

// v3.0
// No need to do autorelease, no need to do casting.
auto action = move->clone();
```

2. 单例的使用

所有的单例都使用 getInstance() 和 destroyInstance() 方法来获得和销毁（如果可以获得和销毁这个实例），如表 7-1 所示。

表 7-1　单例的使用

v2.1	v3.0
CCDirector->sharedDirector()	Director->getInstance()
CCDirector->endDirector()	Director->destroyInstance()
……	……

2.1 版本的方法仍然可以使用，但是它们将会被标注为弃用。

3．Getters 方法

为了符合 C++ 的命名规范，Getters 现在使用 get 的前缀，如表 7-2 所示。

表 7-2　Getters 方法

v2.1	v3.0
node->boundingBox()	node->getBoundingBox()
sprite->nodeToParentTransform()	sprite->getNodeToParentTransform()
……	……

而且 getters 方法会在它们声明时将其标记为常量，如代码清单 7-2 所示。

代码清单 7-2　Getters

```
// v2.1
virtual float getScale();

// v3.0
virtual float getScale() const;
```

2.1 版本的方法仍然可以使用，但是它们将会被标注为弃用。

4．POD 类型

如果有方法接收一个 POD 类型作为参数（如 TexParams、Point、Size），它将用常量引用的方式传递这个参数。POD 类型如代码清单 7-3 所示。

代码清单 7-3　POD 类型

```
// v2.1
void setTexParameters(ccTexParams* texParams);

// v3.0
void setTexParameters(const ccTexParams& texParams);
```

7.4 在 Cocos2d-x 3.0 中使用的 C++11 特性

上一节已经说到,在 Cocos2d-x 3.0 中移除了 Objective-C 模式,在 3.0 中使用了 C++11 的标准。下面我们来看看在 Cocos2d-x 3.0 中使用的 C++11 特性。

1. Lambda 表达式

在 Cocos2d-x 3.0 中将使用 C++11 的 std::function<>来支持 MenuItem 和 CallFunc。这意味着可以像使用函数回调一样使用 Lambda 表达式。

- CallFunc 可以通过 std::function<void()>来创建;
- CallFuncN 可以通过 std::function<void(Node*)>来创建;
- MenuItem 支持使用 std::function<void(Node*)>作为回调函数;
- CallFuncND 和 CallFuncO 被删除了,因为它们可以被 CallFunc 和 CallFuncN 替代。

Lambda 表达式如代码清单 7-4 所示。

代码清单 7-4 Lambda 表达式

```
// v2.1
CCMenuItemImage *pCloseItem = CCMenuItemImage::create(
                    "CloseNormal.png",
                    "CloseSelected.png",
                    this,
                    menu_selector(HelloWorld::menuCloseCallback) );

// v3.0
MenuItemImage *closeItem = MenuItemImage::create(
                    "CloseNormal.png",
                    "CloseSelected.png",
                    CC_CALLBACK_1(HelloWorld::menuCloseCallback, this));
```

2. 强大的枚举类型

在标准 C++中,枚举类型不是类型安全的。枚举类型被视为整数,这使得两种不同的枚举类型之间可以进行比较。C++03 唯一提供的安全机制是一个整数或一个枚举类型值不能隐式转换到另一个枚举类型。此外，枚举所使用的整数类型及其大小都由实现方法定义，皆无法明确指定。最后，枚举的名称全数暴露于一般范围中，因此两个不同的枚举，不可以有相同的枚举名（例如，enum Side{Right,Left}和 enum Thing{Wrong, Right}不能一起使用）。C++11 引进了一种特别的"枚举类"，可以避免产生上述的问题。

使用 enum class 的语法来声明，如代码清单 7-5 所示。

代码清单 7-5　enum class

```
enum class Enumeration
{
    Val1,
    Val2,
    Val3 = 100,
    Val4 /* = 101 */,
};
```

此种枚举为类型安全的。枚举类型不能隐式地转换为整数，也无法与整数数值做比较（如果写表示式 Enumeration::Val4 == 101，会触发编译期错误）。

所以在新的 Cocos2d 3.0 中也使用了这个标准，如表 7-3 所示。

表 7-3　枚举类型

v2.1	v3.0
kCCTexture2DPixelFormat_RGBA8888	Texture2D::PixelFormat::RGBA8888
kCCDirectorProjectionCustom	Director::Projection::CUSTOM
……	……

旧的值仍然可以使用，但是不推荐使用。

3．显式虚函数重载

在 C++中，在子类中容易意外地重载虚函数。其中的一个例子如代码清单 7-6 所示。

代码清单 7-6　虚函数

```
class CC_DLL CCActionInterval : public CCFiniteTimeAction
{
public:
    virtual void startWithTarget(CCNode *pTarget);
};
```

```
//v2.0
class CC_DLL CCActionEase : public CCActionInterval
{
public:
    virtual void startWithTarget(CCNode *pTarget);
};
```

CCActionEase::startWithTarget 的真实意图是什么呢？程序员是真的试图重载该虚函数，还是只是意外？这也可能是 CCActionInterval 的维护者在其中加入了一个与 CCActionEase::startWithTarget 同名且拥有相同签名的虚函数。另一个可能的状况是，当基类中的虚函数的签名被改变后，子类中拥有旧签名的函数就不再重载该虚函数。因此，如果程序员忘记修改所有子类，运行期将不会正确调用到该虚函数使之正确实现。C++11 将加入支持，以防止上述情形的产生，当虚函数被 override 关键字修饰时，子类在实现时有 override 标记，并在编译期而非运行期捕获此类错误。为保持向后兼容，此功能将是选择性的，其语法如代码清单 7-7 所示。

代码清单 7-7　C++11 虚函数显示改写

```
//v3.0
class CC_DLL ActionEase : public ActionInterval
{
public:
    virtual void startWithTarget(Node *target) override;//ok:显示改写
    virtual void startWithTarget(int target) override;//错误格式：ActionEase::startWithTarget 并没有 override ActionInterval::startWithTarget
};
```

编译器会检查基底类型是否存在一个虚拟函数，它与派生类中带有声明 override 的虚拟函数有相同的函数签名（signature），若不存在，则会回报错误。

4．auto

在标准 C++（和 C）中，使用参数必须明确地指出其类型。然而，随着模版类型的出现以及有新的模板元编程的技巧，某物的类型（特别是函数定义明确的回返类型）就不容易表示。在这样的情况下，将中间结果存储于参数是件困难的事，可能需要知道特定的元编程程序库的内部情况。

C++11 使用 auto 关键字来修饰能够明确初始化的参数。

例如：auto otherValue=5，用户很容易就能判别它是个 int（整数），如同整数字面值的类型一样。C++11 虚函数显示改写如代码清单 7-8 所示。

代码清单 7-8　C++11 虚函数显示改写

```
//v3.0
    auto jump1 = JumpBy::create(2,Point::ZERO,100,3);
    auto jump2 = jump1->clone();
    auto rot1 = RotateBy::create(1, 360);
    auto rot2 = rot1->clone();
```

5．空指针

早在 1972 年，即 C 语言诞生的初期，常数 0 带有常数和空指针的双重身分。C 使用 prepro cessor macro NULL 表示空指针，让 NULL 和 0 分别代表空指针和常数 0。NULL 可被定义为((void*)0)或 0。C++并不采用 C 的规则，不允许将 void*隐式转换为其他类型的指针。为了使代码 char* c=NULL 能通过编译，NULL 只能定义为 0。这样的决定使得函数重载无法区分代码的语义，如代码清单 7-9 所示。

代码清单 7-9　空指针

```
    void foo(char *);
    void foo(int);
```

C++建议 NULL 应当定义为 0，所以 foo(NULL)将会调用 foo(int)，这并不是程序员想要的行为，也违反了代码的直观性。0 的歧义在此处造成困扰。C++11 引入了新的关键字来代表空指针常数——nullptr，将空指针和整数 0 的概念拆开。nullptr 的类型为 nullptr_t，能隐式转换为任何指针或成员指针的类型，也能和它们进行相等或不等的比较。而 nullptr 不能隐式转换为整数，也不能和整数做比较。为了向下兼容，0 仍可代表空指针常数。空指针如代码清单 7-10 所示。

代码清单 7-10　空指针

```
    char* pc = nullptr;      // OK
    int * pi = nullptr;      // OK
    int    i = nullptr;      // error

    foo(nullptr);            // 呼叫 foo(char *)
```

7.5 一些其他的改变

Cocos2d-x 3.0 中删除了所有类和通用函数中的 CC 及 cc 前缀，修改全局方法为静态成员方法，修改全局变量为静态常量成员属性。V2.0 与 V3.0 的比较如表 7-4 所示。

表 7-4 前缀

V2.0	V3.0
CCNode	Node
CCLayer	Layer
CCSprite	Sprite
CCDirector	Director
ccColor3B	Color3B
ccVertex2F	Vertex2F
ccTex2F	Tex2F
ccPointSprite	PointSprite
ccQuad2	Quad2
ccV2F_C4B_T2F	V2F_C4B_T2F
ccV2F_C4B_T2F_Quad	V2F_C4B_T2F_Quad
ccBlendFunc	BlendFunc
ccT2F_Quad	T2F_Quad
ccAnimationFrameData	AnimationFrameData
……	……

弃用的方法和全局变量如表 7-5 所示。

表 7-5 弃用的方法和全局变量

V2.0	V3.0
ccp	Point
ccpAdd	Point::+
ccpMult	Point::*
ccpRotate	Point::rotate
ccpDistanceSQ	Point::getDistanceSq
ccpLength	Point::getLength

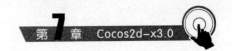

（续表）

V2.0	V3.0
ccpDistance	Point::getDistance
CCPointMake	Point::Point
CCSizeMake	Size::Size
CCRectMake	Rect::Rect
PointZero	Point::ZERO
SizeZero	Size::ZERO
TiledGrid3DAction::tile	TiledGrid3DAction::getTile
TiledGrid3DAction::originalTile	TiledGrid3DAction::getOriginalTile
Director::sharedDirector()	Director::getInstance()
AnimationCache::sharedAnimationCache	AnimationCache::getInstance
AnimationCache::purgeSharedAnimationCache	AnimationCache::destroyInstance
SpriteFrameCache::sharedSpriteFrameCache	SpriteFrameCache::getInstance
SpriteFrameCache:: purgeSharedSpriteFrameCache	SpriteFrameCache::destroyInstance
Application::sharedApplication	Application::getInstance
ccc3()	Color3B()
ccc3BEqual()	Color3B::equals()
ccc4()	Color4B()
ccc4FFromccc3B()	Color4F()
ccc4f()	Color4F()
ccc4FFromccc4B()	Color4F()
ccc4BFromccc4F()	Color4B()
ccc4FEqual()	Color4F::equals()
ccWHITE	Color3B::WHITE
ccYELLOW	Color3B::YELLOW
ccBLUE	Color3B::BLUE
……	……

第8章 Cocos2d-x 之 Lua

在开始本章内容之前，先简单讲解下 Lua，对 Lua 已经熟悉的读者可以跳过此段。

脚本在手游中类似于"大脑"的功能，所有游戏相关的逻辑代码一般都放在脚本中，而客户端（前台）的代码则属于"肢体"，也可以说是"播放器"，作用只是展示出 UI 界面的功能。脚本的作用不仅仅如此，比如地图数据等都可以利用脚本。

8.1 为什么使用 Lua

Cocos2d-x 提供了对 Lua 脚本的支持，让我们可以使用简单易懂的 Lua 语言进行游戏的快速开发。在游戏中，涉及到用户界面构造与交互、场景管理、角色逻辑等内容，完全可以使用 Lua 来完成，而不需要借助 C++。

实际上，与 Corona SDK 这样 100%使用 Lua 进行开发的游戏引擎相比，Cocos2d-x+Lua 不但有显著的性能优势，而且在扩展能力上也不受任何限制。当然，最重要的是 Cocos2d-x +Lua 可以完全发挥出 Cocos2d-x 的功能，同时又保持了简单易用的特点，对于绝大多数游戏来说都是首选的解决方案。

Lua 就是一个动态脚本语言，在游戏开发中经常使用，它的特点就是灵活、简洁。

对我们目前的项目而言，它最大的特色就是可将游戏更新设计成一种资源形式的更新方式。比如一款网游"Cocos2d-x_Lua"没有使用脚本，如果"Cocos2d-x_Lua"1.0 版本在发布后突然发现客户端出现一些棘手的 bug 需要修复，那么想修改也要等待再次更新客户端时重新提交发布才可以解决，这样会流失一大批用户，而且游戏的每次更新也会流失掉部分用户。如果"Cocos2d-x_Lua"这款网游使用了脚本,那么解决此类问题很简单,比如"Cocos2d-x_Lua"游戏中的逻辑代码都放在脚本 a.Lua 中,如果 a.Lua 逻辑中哪里出现了问题,我们直接可以将修复后的 a.Lua 脚本更新至服务器中,因为一般脚本都会定义 version 号,比如 a.Lua 有 bug 的 version:1.0,修复后的 a.Lua version 改为 1.1。当用户每次启动游戏时,客户端都会将脚本的 version 号与服务器脚本 version 号做对比,当 server 端脚本 version 号比当前脚本新时,那么自动下载并覆盖当前脚本。不仅如此,游戏中做活动、换图片等都可以即时更新,而不是每次修改前端代码都要重新发布新的游戏版本!

8.2 Lua 基础知识

为了让后面的示例能够更明白些,这里简单普及下 Lua 的知识。下面将从 Lua 的数据类型、栈、内存这 3 部分来讲解。

1. Lua 几种常见的数据类型

类型有 Nil、Booleans、Numbers、Strings、Functions、UserData。

Nil 只有一个值 nil,一个未初始化的全局变量默认是 nil,而且可以通过将全局变量设置为 nil 来把它删除。

Booleans 的两个取值为 true 和 false,要注意 Lua 中所有的值都可以作为条件,只要记住在控制结构的条件中除了 flase 和 nil 为否外,其他任何值都为真,包括 0 和空串,这样就不会混淆了。

Numbers 表示实数,Lua 没有整数,它表数示 Lua 中的数字。

Strings:这里只提一下 Lua 有关字符串的运算,字符串与数字的"+"运算,字符串会自动转换成数字类型。如果想将一个数字与字符串连接,使用".."两点运算符。

Functions:Lua 中函数是一类值(和其他变量相同),意味着函数可以存储在变量中,可以作为函数的参数,也可以作为函数的返回值。

2. Lua 的栈

Lua 与别的语言交互以及交换数据是通过栈完成的。

其实可以把栈想象成一个箱子,你要给它数据,就要按顺序一个个把数据放进去。当然,Lua 执行完毕,可能会有结果返回给你,Lua 还会利用你的箱子,一个个地继续放下去。

而取出返回数据就要从箱子顶上取出。如果想要获得输入参数，就按照顶上返回数据的个数，再按顺序一个个地取出就行了。不过这里提醒大家，关于栈的位置，永远是相对的，比如-1 代表的是当前栈顶，-2 代表的是当前栈顶下一个数据的位置。

栈是数据交换的地方，一定要有栈的概念。当初始化一个栈时，它的栈底是 1，而栈顶相对位置是-1。说形象一些，可以把栈想象成一个环，有一个指针标记当前位置，如果是-1，就是当前栈顶；如果是-2，就是当前栈顶前面一个参数的位置，以此类推。当然，也可以正序去取。这里要注意，对于 Lua 的很多 API，下标是从 1 开始的，这点和 C++有些不同。而且，在栈的下标中，正数表示绝对栈底的下标，负数表示相对栈顶的相对地址，一定要有清晰的概念，否则很容易看晕了。

3．Lua 的内存

这里就要再引出一个更重要的概念，Lua 不是 C++，对于 C++程序员而言，一个函数会自动创建栈，当函数执行完毕会自动清理栈，Lua 可不会这么做。对于 Lua 而言，它没有函数这个概念，一个栈对应一个 Lua_State 指针，也就是说，必须手动去清理不用的栈，否则会造成垃圾数据占据内存。大多数问题都集中在全局变量，因为 Lua 默认变量是全局类型的，所以一定要记得释放。

8.3　如何在 Cocos2d-x 上使用 Lua

了解了 Lua 的基本知识后，我们现在来看下 Cocos2d-x 的 HelloLua 示例工程。打开"../cocos2d-版本号/samples/HelloLua/proj.ios/HelloLua.xcodeproj"。首先编译运行一下这个工程，一个很酷的农场游戏。工程示例图如图 8-1 所示。

图 8-1　示例工程

农场类游戏两年前可是非常火的（现在游戏界又刮起一股复古风）！怎么做的，马上来看。

main.h 和 main.cpp 与 HelloWorld 一样，不理会了。打开 AppDelegate.cpp，可以看到它与 HelloWorld 工程中的 AppDelegate.cpp 的明显不同是其使用了 Lua 脚本引擎。

CCLuaEngine 和脚本引擎管理器 CCScriptEngineManager：

CCLuaEngine 类的基类是一个接口类，叫做 CCScriptEngineProtocol，它规定了所有 Lua 引擎的功能函数，它和 CCScriptEngineManager 都存放在 libcocos2d 下的 script_support 目录下的 CCScriptSupport.h/cpp 中。

这里，我们来看下 CCScriptEngineProtocol 的类方法，见代码清单 8-1。

代码清单 8-1　CCScriptEngineProtocol 类

```
class CC_DLL CCScriptEngineProtocol : public CCObject
{
public:
    //取得 Lua 的全局指针，所有的 Lua 函数都需要使用这个指针来作为参数进行调用
    virtual lua_State* getLuaState(void) = 0;

    //通过 Lua 脚本 ID 移除对应的 CCObject
    virtual void removeCCObjectByID(int nLuaID) = 0;

    //通过函数索引值移除对应的 Lua 函数
    virtual void removeLuaHandler(int nHandler) = 0;

    //将一个目录中的 Lua 文件加入到 LUA 资源容器中
    virtual void addSearchPath(const char* path) = 0;

    //执行一段 Lua 代码
    virtual int executeString(const char* codes) = 0;

    //执行一个 Lua 脚本文件
    virtual int executeScriptFile(const char* filename) = 0;

    //调用一个全局函数
    virtual int executeGlobalFunction(const char* functionName) = 0;

    //通过句柄调用函数多种形态
```

```cpp
//通过句柄调用函数,参数二为参数数量
  virtual int executeFunctionByHandler(int nHandler,    int numArgs = 0) = 0;

//通过句柄调用函数,参数二为整数数据
  virtual int executeFunctionWithIntegerData(int nHandler, int data) = 0;

//通过句柄调用函数,参数二为浮点数据
  virtual int executeFunctionWithFloatData(int nHandler, float data) = 0;

//通过句柄调用函数,参数二为布尔型数据
  virtual int executeFunctionWithBooleanData(int nHandler, bool data) = 0;

//通过句柄调用函数,参数二为 CCObject 指针数据和其类型名称
  virtual int executeFunctionWithCCObject(int nHandler, CCObject* pObject, const char*
  typeName) = 0;

//将一个整数数值压栈作为参数
  virtual int pushIntegerToLuaStack(int data) = 0;

//将一个浮点数值压栈作为参数
  virtual int pushFloatToLuaStack(int data) = 0;

//将一个布尔数值压栈作为参数
  virtual int pushBooleanToLuaStack(int data) = 0;

//将一个 CCObject 指针和类型名压栈作为参数
  virtual int pushCCObjectToLuaStack(CCObject* pObject, const char* typeName) = 0;

//执行单点触屏事件
  virtual int executeTouchEvent(int nHandler, int eventType, CCTouch *pTouch) = 0;

//执行多点触屏事件
  virtual int executeTouchesEvent(int nHandler, int eventType, CCSet *pTouches) = 0;

//执行一个回调函数
  virtual int executeSchedule(int nHandler, float dt) = 0;
};
```

下面我们来分析一下示例工程的源码,如代码清单 8-2 所示。

代码清单 8-2　示例工程 applicationDidFinishLaunching 函数

```
//应用程序启动时调用的函数
bool AppDelegate::applicationDidFinishLaunching()
{
    // initialize director
    CCDirector *pDirector = CCDirector::sharedDirector();
    pDirector->setOpenGLView(CCEGLView::sharedOpenGLView());

    //设置显示区域大小以及显示方式
    CCEGLView::sharedOpenGLView()->setDesignResolutionSize(480, 320,
                                                kResolutionNoBorder);

    // turn on display FPS
    pDirector->setDisplayStats(true);

    // set FPS. the default value is 1.0/60 if you don't call this
    pDirector->setAnimationInterval(1.0 / 60);

    // register lua engine
    CCLuaEngine* pEngine = CCLuaEngine::defaultEngine();

    //通过 CCScripEngineManager 的静态函数 sharedManager 获取单件脚本引擎管理器的实例对象
    指针，并将上一句创建的 Lua 脚本引擎实例对象指针设为脚本引擎管理器当前进行管理的脚本引擎
    CCScriptEngineManager::sharedManager()->setScriptEngine(pEngine);

#if (CC_TARGET_PLATFORM == CC_PLATFORM_ANDROID)
    //在 Android 平台下，会通过 API 类取得 hello.lua 文件并读取到 CCString 对象中
    CCString* pstrFileContent = CCString::createWithContentsOfFile("hello.lua");
    if (pstrFileContent)
    {
        //让脚本引擎执行这个脚本字符串
        pEngine->executeString(pstrFileContent->getCString());
    }
#else
    //如果是 Win32，iOS 或 MARMALADE 等平台中，通过文件处理 API 类 CCFileUtils 中的
    fullPathFromRelativePath 函数产生一个 hello.lua 在当前程序所在目录下的路径
    std::string path = CCFileUtils::sharedFileUtils()->
                                    fullPathFromRelativePath("hello.lua");
```

```
        //将这个路径的目录放入到脚本引擎的搜索目录
        pEngine->addSearchPath(path.substr(0, path.find_last_of("/")).c_str());

        //执行这个路径所指向的Lua文件
         pEngine->executeScriptFile(path.c_str());
    #endif

        return true;
    }
```

我们没有在这里面发现任何关于农场或松鼠的只言片语,只知道程序执行了一下"hello.lua"文件。事实上所有的逻辑和UI设计都是在"hello.lua"文件中处理的。

打开工程下的Resource目录,可以发现农场和松鼠的图片,还有一些声音文件,以及我们要找的Lua文件,共有两个:hello.lua和hello2.lua,如图8-2所示。

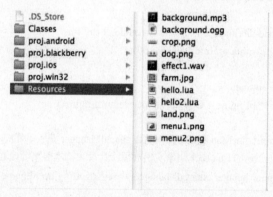

图8-2 Resource目录

单击打开hello.lua,我们来分析一下它是如何编写的,见代码清单8-3。

代码清单8-3 hello.lua

```
        //输出绑定执行函数发生错误的信息
        function __G__TRACKBACK__(msg)
            print("----------------------------------------")
            print("LUA ERROR: " .. tostring(msg) .. "\n")
            print(debug.traceback())
            print("----------------------------------------")
        end
```

```lua
local function main()
    // 设定 Lua gc 的垃圾回收参数
    collectgarbage("setpause", 100)
    collectgarbage("setstepmul", 5000)

    --这里定义一个函数 cclog，用来打印字符串参数
    local cclog = function(...)
        print(string.format(...))
    end

    //将 hello2.lua 包含进来，hello2.lua 定义了 myadd 函数的实现
    require "hello2"
    //这里调用 cclog 打印一个和的结果，并没什么实际用处，可略过
    cclog("result is " .. myadd(3, 5))


---------------

    //获取可视区域的窗口大小
    local visibleSize = CCDirector:sharedDirector():getVisibleSize()

    //获取可视区域的起点坐标
    local origin = CCDirector:sharedDirector():getVisibleOrigin()

    // 定义 createDog 函数创建松鼠
    local function creatDog()
        //定义两个变量为每一帧图块的宽和高
        local frameWidth = 105
        local frameHeight = 95
        // 创建松鼠的动画
        // 先使用 CCTextureCache:sharedTextureCache()取得纹理块管理器,将 dog.png 放入纹理
块管理器产生一张纹理返回给变量 textureDog
        local textureDog = CCTextureCache:sharedTextureCache():addImage("dog.png")
        //创建一个矩形返回给变量 rect
        local rect = CCRectMake(0, 0, frameWidth, frameHeight)
        //由这个矩形从纹理上取出图块产生一个 CCSpriteFrame 指针返回给变量 frame0
        local frame0 = CCSpriteFrame:createWithTexture(textureDog, rect)

        //换一个新的位置的矩形返回到变量 rect 中
        rect = CCRectMake(frameWidth, 0, frameWidth, frameHeight)
```

```lua
//由第二个矩形从纹理上取出图块产生一个 CCSpriteFrame 指针返回给变量 frame1
local frame1 = CCSpriteFrame:createWithTexture(textureDog, rect)
//从 frame0 产生一个精灵返回给变量 spriteDog(在 C++中是 CCSprite 指针)
local spriteDog = CCSprite:createWithSpriteFrame(frame0)

//设置初始化状态
spriteDog.isPaused = false

//设置精灵的位置在左上的位置
spriteDog:setPosition(origin.x, origin.y + visibleSize.height / 4 * 3)
//生成一个 CCArray 类的实例对象。用来存储 CCSpriteFrame 指针,将其指针返回给变量 animFrames
local animFrames = CCArray:create()
//调用 addObject 将 frame0 和 frame1 放入 animFrames
animFrames:addObject(frame0)
animFrames:addObject(frame1)
//由容器类实例对象的指针 animFrames 创建一个动画帧信息对象,设定每 0.5 秒更新一帧,返回动画帧信息对象指针给变量 animation
local animation = CCAnimation:createWithSpriteFrames(animFrames, 0.5)
//由 animation 创建出一个动画动作,将这个动画动作的指针给变量 animate
local animate = CCAnimate:create(animation);
//设置精灵循环运行这个动作
spriteDog:runAction(CCRepeatForever:create(animate))

// 每帧移动松鼠
local function tick()
  //如果松鼠停止动作,则返回
    if spriteDog.isPaused then return end
  //取得松鼠的位置
    local x, y = spriteDog:getPosition()
  //如果松鼠移动的 x 值已经超出屏幕宽度则将 x 位置变为初始位置,否则加 1,这样可以实现不断往右移动,超出后就又回到最左边
     if x > origin.x + visibleSize.width then
        x = origin.x
     else
        x = x + 1
     end
     //重新设置松鼠位置
       spriteDog:setPositionX(x)
```

            end
            //这里设置每帧调用上面的函数 tick
            CCDirector:sharedDirector():getScheduler():scheduleScriptFunc(tick, 0, false)
            //返回松鼠精灵
            return spriteDog
      end

      // 创建农场
      local function createLayerFram()
            //创建一个新的 Layer 实例对象，将指针返回给变量 layerFarm
            local layerFarm = CCLayer:create ()
            // 由"farm.jpg"创建一个精灵实例，将指针返回给变量 bg
            local bg = CCSprite: create ("farm.jpg")
            //设置这个精灵实例的位置
            bg:setPosition(origin.x + visibleSize.width / 2 + 80, origin.y + visibleSize.height / 2)
            //将精灵放入新创建的 Layer 中
            layerFarm:addChild(bg)

            //在农场的背景图上的相应位置创建沙地块，在 i 从 0 至 3，j 从 0 至 1 的双重循环中，共创建了 8 块沙地块
            for i = 0, 3 do
                  for j = 0, 1 do
                        //创建沙地块的图片精灵
                        local spriteLand = CCSprite:create("land.png")

                        //设置精灵的位置，在 j 的循环中每次向右每次增加 180 个位置点。在 i 的循环中每次会跟据 i 与 2 取模的结果向左移 90 个位置点，向上移 95 的一半数量的位置点。这样最先绘制最下面的两个沙地块，再绘制上面两个，直至最上面两个。注意：这里的位置计算数值不必太纠结，如果是依照 land.png 的图片大小 182×94，则这里改成 spriteLand:setPosition（200 + j * 182 – (i % 2) * 182 / 2, 10 + i * 94 / 2）会更好理解一些
                        spriteLand:setPosition（200 + j * 180 - i % 2 * 90, 10 + i * 95 / 2）
                        //将沙地块的图片精录放入到新创建的 Layer 中
                        layerFarm:addChild(spriteLand)
                  end
            end

            //将 crop.png 放入纹理块管理器产生一张纹理并从纹理取出一个图块 frameCrop
            local frameCrop = CCSpriteFrame:create("crop.png", CCRectMake(0, 0, 105, 95))
            // 和刚才的沙地块一样，由图块创建出精灵并放在相应的位置上，这里不再赘述
            for i = 0, 3 do

```lua
        for j = 0, 1 do
            local spriteCrop = CCSprite:spriteWithSpriteFrame(frameCrop);
            spriteCrop:setPosition(10 + 200 + j * 180 - i % 2 * 90, 30 + 10 + i * 95 / 2)
            layerFarm:addChild(spriteCrop)
        end
    end

    // 调用 createDog 增加一个移动的松鼠精灵
    local spriteDog = creatDog()
    // 将松鼠精录放入新创建的 Layer 中
        layerFarm:addChild(spriteDog)


    // 定义变量 touchBeginPoint，设为未使用
        local touchBeginPoint = nil
//定义当按下屏幕时触发的函数
    local function onTouchBegan(x, y)
        //打印位置信息
            cclog("onTouchBegan: %0.2f, %0.2f", x, y)
        //将 x、y 存在变量 touchBeginPoint 中
        touchBeginPoint = {x = x, y = y}
//暂停精灵 spriteDog 的运动
        spriteDog.isPaused = true
        //返回 true
        return true
    end
//定义当保持按下屏幕进行移动时触发的函数
    local function onTouchMoved(x, y)
        //打印位置信息
        cclog("onTouchMoved: %0.2f, %0.2f", x, y)
            //如果 touchBeginPoint 有值
        if touchBeginPoint then
            //取得 layerFarm 的位置，将返回结果存放在 cx 和 cy 中
            local cx, cy = layerFarm:getPosition()
            //设置 layerFarm 的位置受到按下移动的偏移影响
            layerFarm:setPosition(cx + x - touchBeginPoint.x,
                    cy + y - touchBeginPoint.y)
            //更新当前按下位置，存放到变量 touchBeginPoint 中
            touchBeginPoint = {x = x, y = y}
        end
    end
```

```lua
            //当离开按下屏幕时
local function onTouchEnded(x, y)
            //打印位置信息
                cclog("onTouchEnded: %0.2f, %0.2f", x, y)
                    //将变量 touchBeginPoint 设为未用
                    touchBeginPoint = nil
                    //继续精灵 spriteDog 的运动
                    spriteDog.isPaused = false
            end
            //响应按下事件处理函数
            local function onTouch(eventType, x, y)
                //如果是按下时,调用 onTouchBegan
                if eventType == CCTOUCHBEGAN then
                    return onTouchBegan(x, y)
                //如果是按下并移动时,调用 onTouchMoved
                elseif eventType == CCTOUCHMOVED then
                    return onTouchMoved(x, y)
                //松开时,调用 onTouchEnded
                else
                    return onTouchEnded(x, y)
                end
            end
//调用 layerFarm 的 registerScriptTouchHandler 函数注册按下事件的响应函数
layerFarm:registerScriptTouchHandler(onTouch)
//调用 layerFarm 的 setIsTouchEnabled 使 layerFarm 能够响应屏幕按下事件
        layerFarm:setIsTouchEnabled(true)
        //返回 layerFarm
        return layerFarm
end

// 定义创建菜单层函数
local function createLayerMenu()
        //创建一个新 Layer,将其指针返回给变量 layerMenu
        local layerMenu = CCLayer:create()
    //定义三个本地变量
        local menuPopup, menuTools, effectID
        //定义本地函数 menuCallbackClosePopup
        local function menuCallbackClosePopup()
            // 通过参数 effectID 关闭指定声音
            SimpleAudioEngine:sharedEngine():stopEffect(effectID)
```

```
        //设置 menuPopup 不显示
        menuPopup:setIsVisible(false)
end
//定义本地函数 menuCallbackOpenPopup
local function menuCallbackOpenPopup()
        // 循环播放声音文件"effect1.wav",并返回对应的声音 ID 给变量 effectID
        effectID = SimpleAudioEngine:sharedEngine():playEffect("effect1.wav")
        // 设置 menuPopup 显示
        menuPopup:setIsVisible(true)
        end

        // 创建图片菜单按钮,设置其两个状态(普通和按下)的图片都是 menu2.png,返
回图片菜单按钮给 menuPopupItem
        local menuPopupItem = CCMenuItemImage:create("menu2.png", "menu2.png")
        // 设置菜单位置
        menuPopupItem:setPosition(0, 0)
        // 为图片菜单按钮注册响应函数 menuCallbackClosePopup
        menuPopupItem:registerScriptHandler(menuCallbackClosePopup)
        // 由图片菜单按钮 menuPopupItem 创建出菜单返回给变量 menuPopup
        menuPopup = CCMenu:createWithItem(menuPopupItem)
        // 设置菜单 menuPopup 的位置
        menuPopup:setPosition(origin.x + visibleSize.width / 2, origin.y +
visibleSize.height / 2)
        //设置 menuPopup 不显示
        menuPopup:setVisible (false)
        //将菜单放入 layerMenu 中
            layerMenu:addChild(menuPopup)

        //下面几行代码为创建左下角的图片菜单按钮 menuToolsItem 和菜单 menuTools,与上面
的代码基本相似,不再赘述
        local menuToolsItem = CCMenuItemImage:create("menu1.png", "menu1.png")
        menuToolsItem:setPosition(0, 0)
        menuToolsItem:registerScriptHandler(menuCallbackOpenPopup)
        menuTools = CCMenu:createWithItem(menuToolsItem)
    local itemWidth = menuToolsItem:getContentSize().width
        local itemHeight = menuToolsItem:getContentSize().height
        menuTools:setPosition(origin.x + itemWidth/2, origin.y + itemHeight/2)
        layerMenu:addChild(menuTools)
        //返回 layerMenu
        return layerMenu
```

第8章 Cocos2d-x 之 Lua

```
        end

// 注意：以上大部分都是函数的定义，以下才是真正的游戏逻辑，这里加个序号方便大家读懂
// 1.取得声音引擎的实例对象并调用其 playBackgroundMusic 函数加载并循环播放声音文件
   "background.mp3"，这里作为背景音乐
        local bgMusicPath = CCFileUtils:sharedFileUtils():fullPathFromRelativePath
                                                                ("background.mp3")
        SimpleAudioEngine:sharedEngine():playBackgroundMusic(bgMusicPath, true)

// 2.取得声音引擎的实例对象并调用其 preloadEffect 函数，将声音文件 "effect1.wav" 预加载进内存
   这里并不播放，预加载是为了在播放时不造成卡顿感
        local effectPath =
CCFileUtils:sharedFileUtils():fullPathFromRelativePath("effect1.wav")
        SimpleAudioEngine:sharedEngine():preloadEffect(effectPath)

// 3.创建一个场景返回给变量 sceneGame
        local sceneGame = CCScene:create()

// 4.创建农场所用的 Layer，并放入场景中
        sceneGame:addChild(createLayerFram())

// 5.创建菜单所用的 Layer，并放入场景中
        sceneGame:addChild(createLayerMenu())

// 6.调用显示设备的单件实例对象的 runWithScene 函数运行场景 sceneGame
        CCDirector:sharedDirector():runWithScene(sceneGame)
end

        xpcall(main, __G__TRACKBACK__)
```

查看了代码清单 8-3 之后，相信读者对如何在 Cocos2d-x 上使用 Lua 已经有了自己的理解。这里补充一下对 xpcall 的介绍：

xpcall 是错误捕获函数。Lua 提供了 xpcall 来捕获异常。xpcall 接收两个参数：调用函数和错误处理函数。当错误发生时，Lua 会在栈释放以前调用错误处理函数，因此可以使用 debug 库收集错误相关信息。两个常用的 debug 处理函数：debug.debug 和 debug.traceback。前者给出 Lua 的提示符，可以自己动手察看错误发生时的情况。后者通过 traceback 创建更多的错误信息，也是控制台解释器用来构建错误信息的函数。

注意，我们的程序启动就是通过 xpcall 启动主函数的。

第 9 章 游戏优化

优化——这是一个永恒的话题,指的是时间和空间上的优化,通俗地讲就是提高运行速度,减少内存占用。在一定程度上讲,衡量一款游戏是否优秀,除了满足游戏功能需求和稳定性外,是否拥有较少 CPU 开销的同时,花很少内存占用也是非常重要的考察指标。很多人和组织也为此展开热烈甚至喋喋不休的讨论。

这里主要从内存和程序尺寸方面讨论如何对使用 Cocos2d-x 开发的游戏进行优化。

9.1 内存管理机制

Cocos2d-x 是一套基于 C++的引擎,C++的内存机制,如果采用 new 关键字声明一个对象而没有手动 "delete" 掉,那么申请的内存就不会被回收,进而造成内存泄漏。

Cocos2d-x 采用引用计数的方式管理内存,基本的原则就是当构造一个对象时,引用计数为 1,每次进行 retain 操作时,引用计数加 1;每次进行 release 操作时,引用计数减 1;当一个对象的引用计数为 0 时,就将这个对象 "delete",详细的机制可以看 CCObject 的源码。那么当你在 Cocos2d-x 中 "new" 一个对象时,引擎又是怎么帮你管理的呢?

Cocos2d-x 自身的自动内存管理机制其实是不推荐使用的,因为在游戏开发的过程中会出现很多的引用计数问题。大概的管理流程是这样的,当 "create" 一个对象时,就会自动对这个对象进行一次 "autorelease" 的操作,这个 autorelease 做了很多的事,简单地说就是执行了 autorelease 的对象就表明这个对象处于自动管理的状态,会在内存管理池 CCPoolManager 中添加这个对象,并且在自动释放内存池 CCAutoreleasePool 的堆栈中申请一块内存池放入这个对象。之后在不需要用的时候引擎会自动 "delete" 掉它。

引擎是用单一的线程来进行场景的绘制,通过不断调用 mainLoop 这个函数来实现绘制,这个函数除了进行场景的绘制,也会调用 CCPoolManger 函数的 pop 方法对自动管理的对象进行释放操作。

pop 方法会对 CCAutoreleasePool 堆栈栈顶的内存池进行操作,将池内的对象标记为非自动管理状态,并进行一次 release 操作,清除引用计数为 1 的对象,然后取出前一个入栈的内存池等待下一轮的释放。这种机制有时会出现错误,如果我们没有进行"retain"操作,"new"出来的对象可能在下一帧就已经"release"掉了,出现空指针的错误;而如果我们自己进行手动的"retain"操作,一次的"clear"操作只能将引用计数减 1,无法"delete"掉对象,这又会造成内存泄漏,所以不推荐使用自带的自动内存管理。

Cocos2d-x 中存在大量的静态工厂方法,这些方法都对 this 指针调用了 autorelease 方法,通过静态工厂来生成对象可以简化代码。

9.2 图片的缓存和加载方式

在 iOS 上,所有的图片都会自动缩放到 2 的 N 次方,这就意味着一张 1024×1025 大小的图片和 1024×2048 的图片占用的内存是一样的,而图片占用的内存可以由公式:长×宽×4 来计算得到,所以一张 1024×1024 的图片占用的内存大小是 1024×1024×4,也就是 4 MB,iOS 上最大支持的图片尺寸是 2048×2048。

在 Cocos2d-x 中进行图片加载时,会运用 spriteWithFile 或者 spriteWithSpriteFrameName 等,如果是第一次加载图片就要把图片先加载到缓存中,然后从缓存中加载图片,如果缓存中已经有了,就直接从缓存中加载。

图片的缓存有两种类型,一种是 CCTextureCache,另一种是 CCSpriteFrameCache。

第一种是普通的图片加载缓存,一般直接加载的图片都会放到这个缓存里面,这是一个会经常要用到的缓存,所以又必要熟悉它的一些函数。要知道这个缓存如果不手动释放,它是会一直占用内存的。它有很多函数接口,都是为了方便进行内存管理的,例如 removeAllTextures()(清空所有的缓存)、removeUnusedTextures()(清除没用的缓存)、dumpCachedTextureInfo()(输出缓存的信息)、等等。

那么这两种加载方式对内存有什么具体的影响呢?

为了方便我们得到内存的具体信息,我们要使用检测内存泄漏的工具,笔者用的是 Xcode 自带的 Instruments,如图 9-1 所示。

图 9-1 Instruments

9.3 渲染内存

计算内存时,只算计加载到缓存中的内存是不完整的。

以加载一张 1024×1024 的图片为例。如果使用 CCSprite *pSprite = CCSprite::SpriteWithFile("background.png"),可以看到内存增加了 4 MB 左右,如果对这张图片进行渲染,例如使用 addchild(pSprite),这时,内存又增加了 4 MB。所以一张图片的加载实际上占用了 2 倍的内存,这是直接加载 PNG 的情况。

如果使用 CCSpriteFrameCache::sharedSpriteFrameCache->addSpriteFramesWithFile("p.plist"),假设大图的大小为 2048×2048,那么内存直接增加了 16 MB,此时想要加载大图中的一张小图,内存又会增加 16 MB,也就是即使只渲染了大图的局部,那么其实整张图片都要被加载。

不过别担心,事实不是那么糟糕,以后再使用大图中的曾经渲染的图片时就不会增加内存了。

9.4 图片格式的选择

在游戏项目优化中，我们常常在想如何既能减少内存又能尽量减少包的大小。事实上，2D游戏中最占内存的就是图片资源，一张图片使用不同的纹理格式会带来性能上的巨大差异。

表 9-1 是 iOS 平台一个小 Demo 中的测试结果，该 Demo 的原始内存占用是 7 MB，测试方法是一次性加载 5 张 2048×2048 的图片，使用 TexturePacker 工具生成图片，内存统计使用 Instrument 工具，加载时间统计用 X 引擎提供的 CCTime 类，单位是微秒。

表 9-1 清除缓存

图片格式	加载时间	内存占用	备注
PNG	782080	88 MB	5 张 2048×2048 的 PNG
pvr.ccz（POT）	394769	102 MB	5 张 2048×2048 的 pvr.ccz（POT：2 的整次方）
pvr.ccz（NPOT）	338099	85 MB	5 张 2047×1680 的 pvr.ccz（NPOT：非 2 的整次方，即图的实际大小）
pvr（PVRTC4）	8875	33 MB	5 张 2048×2048 的 pvr（PVRTC4：压缩比率为 8:1 的有损压缩，实际测试发现画质基本没有损失）

结论：

（1）比较加载速度：使用原始 PNG 是最慢的，使用 POT 的 pvr.ccz 大约是原始 PNG 的 50%，使用 NPOT 的 pvr.ccz 大约是原始 PNG 的 43%，使用 pvr 则只要原始 PNG 的 1%。

（2）比较内存占用：使用 POT 的 pvr.ccz 大约是原始 PNG 的 1.2 倍，使用 NPOT 的 pvr.ccz 和原始 PNG 差不多，使用 pvr 只要原始 PNG 的 40%。

从表中可以看到，对于尺寸大的图片，选择纹理格式时，最优先使用的是 pvr，其次是 NPOT 的 pvr.ccz，考虑到多平台支持，综合起来，对图片资源的管理方案总结如下（以下所说图片尺寸以 iPad 高清为标准）：

- 对于 1024×1024 及以下的小图片，还是使用 PNG，因为简单，所有平台都能用。
- 对于 1024×1024 以上的图片，首选 pvr，它能直接载入到 iOS 设备的显存里，无须经过内存解析，所以快。但是，遗憾 1：安卓设备不支持；遗憾 2：TP 工具不支持生成 2048×2048 以上的 pvr。
- 如（2）所述，对于 2048×2048 以上的图片，以及安卓设备，则使用 NPOT 的 pvr.ccz，在 Cocos2d-x 2.x 引擎里默认已经支持，所有 3 代（iPhone 3GS）以后的 iOS 设置都支持 Cocos2d-x 2.x（因为它们支持 OpenGL ES2.0），所以也都能支持 NPOT 纹理。

- 经过测试，安卓设备也支持 NPOT，所以方案比较简单，1024×1024 及以下的用 PNG，1024×1024 以上的使用 NPOT 选项的 pvr.ccz。

采用以上方案后，游戏所占内存从 90 多 MB 降到了 60 多 MB，在 iOS 各种设备测试过后证明，touch3、touch4、iPad1 等低端设备都没问题。

9.5　场景切换顺序

假定游戏中有不少场景，在切换场景的时刻可以把前一个场景的内存都释放，以防总内存过高。清除缓存如代码清单 9-1 所示。

代码清单 9-1　清除缓存

```
//清除目前为止所有加载的图片
CCTextureCache::sharedTextureCache()-> removeAllTextures();
CCTextureCache::sharedTextureCache()->removeUnusedTextures();
//将引用计数为 1 的图片开释掉
CCTextureCache::sharedTextureCache()-> removeTexture();
```

单独加载某个图片缓存，CCSpriteFrameCache 与 CCTextureCache 两者差不多。值得留神的是加载资源的的时间点，假定从 A 场景切换到 B 场景，调用的函数顺序为 B::init() → A::exit() → B::onEnter()。

可若是使用了切换效果，比如：CTransitionJumpZoom::transitionWithDuration，则函数的挪用顺序变成 B::init() → B::onEnter() → A::exit() 。

而且第二种方式会在一刹那将两个场景的利润叠加在一起，若是不释放，游戏很可能会由于内存不够而崩溃。

当释放资源时，会使某个正在履行的动画无法继续执行而导致系统崩溃，可以使用 CCActionManager::sharedManager()->removeAllActions() 终止所有动作，然后释放资源来解决。

9.6　CCSpriteBatchNode 简介

可能读者从第 5 章已经看到了了 CCSpriteBatchNode 的用法。这里着重讲下它到底是什么、它的用法、优点又是什么。之前已经提到过渲染这个名词，这里说下渲染批次，它是游戏引擎中一个比较重要的优化指标，指的是一次渲染调用。也就是说，渲染的次数越少，游戏的运行效率越高。

CCSpriteBatchNode 就是 Cocos2d-x 为了降低渲染批次而建立的一个专门管理精灵的类。

现在有这样一种情况：使用 CCSprite 创建 1000 个 Icon.png 到场景中。

我们有两种方式：

一种是直接 create 创建，这样渲染批次就是 1000，见代码清单 9-2。

代码清单 9-2　使用 create 创建 1000 个 Icon.png

```
for(int i = 0;i < 1000;++i)
{
    int x = arc4random()%960;
    int y = arc4random()%640;
    CCSprite* testIcon = CCSprite::create("Icon.png");
    testIcon->setPosition( ccp(x, y) );
    this->addChild(testIcon);
}
```

运行的效果图见图 9-2。

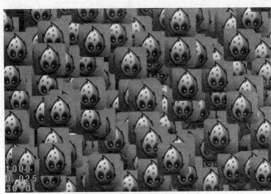

图 9-2　运行效果

从上面的效果图可以看出，创建了 1000 个 Icon 到场景中，这时的 FPS 是 30，渲染批次是 1000 次。

还有一种是使用 CCSpriteBatchNode 批量渲染，一次渲染就把所有的 CCSprite 绘制出来，大大降低渲染批次，如代码清单 9-3 所示。

代码清单 9-3　使用 CCSpriteBatchNode 批量渲染

```
CCSpriteBatchNode* batchNode = CCSpriteBatchNode::create("Icon.png", 1000);
batchNode->setPosition(CCPointZero);
this->addChild(batchNode);

for(int i = 0;i < 1000;++i){
    int x = arc4random()%960;
    int y = arc4random()%640;
    CCSprite* testIcon = CCSprite::createWithTexture(batchNode->getTexture());
    testIcon->setPosition( ccp(x, y) );
    batchNode->addChild(testIcon);
}
```

效果图如图 9-3 所示。

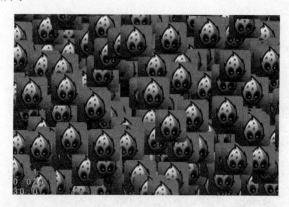

图 9-3　效果图

从上面的效果图可以看出，创建了 1000 个 Icon 到场景中，这时的 FPS 是 30，渲染批次是 1 次。它的优点不言而喻。

9.7　程序大小的优化

有的读者可能会提出疑问，程序大小还需要优化吗？答案是要的。

随着移动网络互联网的发展，很多新型的游戏和应用如雨后春笋般涌现出来。作为移动端的应用，无论终端设备本身容量还是移动宽带，在现有阶段依然还是稀缺资源。因此在确保主

体功能完善的情况下还要注意应用程序的尺寸要尽可能的短小精悍,这样一方面便于下载安装便捷,另外一方面也可以减少终端的存储占用。关于如何优化程序大小,这里有几点思路:

(1) 能使用文字的地方尽量不要使用图片代替。

有的开发者为了突出显示效果,将原本使用标签控件或者直接使用绘画方式就可以显示的文本使用了图片的方式。

(2) 图片尽量使用 PNG 格式,使用 JPG 还需要再次转换为 PNG 的纹理,同时常见的图片处理工具如 TexturePacker 也不善于处理 JPG 格式的文件。

(3) 如果是网络应用,可以将主体必要的功能打包,而将需要更新的图片、图标以及其他资源放置在后台文件下载服务器上,同时维护一个版本信息。

这样发布客户端版本时包体就会尽可能的小,而不是一次性地下载一个尺寸很大的包。程序初始时向服务器请求资源,服务器通过比较客户端请求资源版本和本地对应资源版本来提示是否下载。虽然使用这种方式不能最终减少整个程序的尺寸,同时操作起来也稍微麻烦点,但由于初始下载版本较小且便于安装,另外便于以后更新扩展。

9.8 常见的内存管理的方法

(1) 在适当的时候释放内存:有效地释放无用的内存是常见的缓解内存压力的手段,比如在场景切换时将前一个场景的内存全部释放掉,不过需要注意的是常见切换的时机。一般情况下要确保你切换到下一场景之前要将该场景初始化,有时强制释放某些资源会导致正在执行的动画失去引用而出现异常,这时可以通过调用 CCActionManager:: sharedManager->removeAllActions()释放动画。

(2) 使用纹理贴图集的方法,尽量拼接图片,使得图片的边长保持在 2 的 N 次方,同时最好将有一点逻辑关系的图片打包在一张大图里,从而能够有效地节约内存。

(3) 使用 CCSpriteBatchNode 来减少相同图片的渲染操作。

本章介绍了内存优化和程序优化的一些常用方法。大家在使用的过程中一定要注意,因为内存问题是经常出现的,而且一旦出现的,是很难找出问题点的。

到此,本书的内容全部介绍完成。古人云:"读万卷书,行万里路。"要想学好 Cocos2d-x 最好的方法就是经常使用它。还等什么,赶快用它来开发属于你自己的一款游戏吧!